岩波講座　応用数学　[対象 12]

情報幾何の方法

●編集委員

甘利俊一

伊理正夫

江沢　洋

小松彦三郎

藤田　宏

森　正武

岩波講座　応用数学

［対象 12］

情報幾何の方法

甘 利 俊 一
長 岡 浩 司

岩 波 書 店

まえがき

　情報幾何学は，数理科学に一つの新しい方法を提供するものである．これは広い分野に適用され，それぞれの分野で新しい視点からその体系的構造を明らかにするのに役立っている．しかし，情報幾何学が本格的に発展するのはまだこれからといわなければならない．

　情報幾何学は，確率分布の集まりがもつ自然な微分幾何学的構造を研究することから始まった．たとえば最も簡単な例として，平均 μ，分散 σ^2 の正規分布

$$p(x\,;\mu,\sigma) = \frac{1}{\sqrt{2\pi}\sigma} \exp\left\{-\frac{(x-\mu)^2}{2\sigma^2}\right\}$$

全体の集合 S を考えてみよう．一つの正規分布は (μ,σ) を与えれば定まるから，S は (μ,σ) を座標系とする 2 次元の空間(多様体)である．しかし，これはEuclid 空間ではなくて，確率分布族としての"本性"に根ざして自然に決まる計量をもつ Riemann 空間である．しかも正規分布の場合は，S は負の定曲率空間になっている．しかし，この Riemann 構造だけが確率分布の本質から出てくるのではない．その本性に根ざした構造を追求すると，互いに双対な二つのアファイン接続という新しい微分幾何学的概念が導かれる．これはアファイン微分幾何学を特殊な場合として含む新しい構造で，微分幾何学の方でも数学の立場からその構造が研究され始めている．

　確率分布は，統計学，確率過程，情報理論などにおける中核的な要素である．したがって，確率分布族の空間が自然にもつ双対的微分幾何構造は，単に美しいというだけでなく，これらの情報科学の中で本質的な役割を担っているに違いない．事実，統計的推論の微分幾何学は，統計学に新しい方法を導入し，未解決であったいくつかの問題を解決し，統計学の分野に定着した．情報理論，確率過程，システムの分野でも新境地を開きつつある．

　しかし，情報幾何学はこれだけにとどまらない．統計物理学や神経回路網の数理においても重要な役割を果たしつつある．また，双対的微分幾何構造その

ものは確率分布族に限ることのない普遍的なものである．たとえば，線形計画の内点法がこの立場から議論できるし，これを進めて完全可積分力学系との関係が示唆される．また，量子観測の情報系を考察することにより，より深い発展が計れるかもしれない．

本書は，発展しつつある情報幾何学の全貌を初めて紹介するものである．そのためには，微分幾何学の手法に対するある程度の理解が必要である．そこで，始めの1～3章を微分幾何の入門と，新しい双対微分幾何の解説に当てた．微分幾何の本質的な枠組みをできるだけ簡潔かつ直観的に示すように心掛けたつもりである．微分幾何の入門書としても十分に役に立つと思う．微分幾何は難解で取りつきにくいと思われているが，これは数学者が数学者のために著わした本について言えることであって，その本質を理解するのは決して難しいことではない．しかし，本書では，数学者の教科書にある形式的定義とも整合性を保ちつつ，直観的意味内容を直接に理解できることを試みた．必要最小限の微分幾何入門である．

一方，統計学，システム理論，情報理論，その他の分野における情報幾何学的体系化は，どの一つを取ってもその分野固有の概念化や体系化と関係しており，それを詳述する余裕はない．したがって，駆け足の紹介にならざるを得なかった．この部分は雰囲気を味わって頂いて，あとは関連した論文を参照されることを期待したい．その代わり，まだ未完成でアイデアだけという話題にもなるべくふれるように心掛けた．

本書がきっかけとなって，情報幾何学の建設に参加する研究者がでてくれれば，我々のこの上ない喜びである．

　　　1993年6月

　　　　　　　　　　　　　　　　　　　甘　利　俊　一
　　　　　　　　　　　　　　　　　　　長　岡　浩　司

目次

まえがき

第1章　微分幾何の基礎知識 ・・・・・・・・・・　1

　§1.1　微分可能多様体 ・・・　1

　§1.2　接ベクトルと接空間 ・・・・・　6

　§1.3　ベクトル場とテンソル場 ・・・・・　8

　§1.4　部分多様体 ・・・・・　10

　§1.5　Riemann 計量 ・・・・・　12

　§1.6　アファイン接続と共変微分 ・・・・・　14

　§1.7　平坦性 ・・・・・・・　19

　§1.8　自己平行な部分多様体 ・・・・・　22

　§1.9　接続の射影と埋め込み曲率 ・・・・・　24

　§1.10　　Riemann 接続 ・・・・・　26

第2章　統計的モデルの幾何学的構造 ・・・・・　29

　§2.1　統計的モデル ・・・・・・・　29

　§2.2　Fisher 情報行列と Riemann 計量 ・・・・・　32

　§2.3　α-接続 ・・・・・・・・・　33

第3章　双対接続の理論 ・・・・・・・・・　39

　§3.1　接続の双対性 ・・・・・・・・　39

　§3.2　双対平坦空間 ・・・・・・・　41

　§3.3　ダイバージェンス ・・・・・・・　43

　§3.4　α-アファイン多様体と α-分布族 ・・・・・　46

　§3.5　直交双対葉層化 ・・・・・　52

第4章　統計的推論の微分幾何 ・・・・・・・　55

　§4.1　統計的推論と指数型分布族 ・・・・・・・　55

§4.2 指数型分布族における統計的推論 ・・・・・・・・ 58

§4.3 曲指数型分布族における推論 ・・・・・・・・ 61

§4.4 推定の高次漸近理論 ・・・・・・・・・・ 63

§4.5 情報量の分解定理 ・・・・・・・・・・ 71

§4.6 検定の高次漸近理論 ・・・・・・・・・ 74

§4.7 推定関数の理論とファイバーバンドル ・・・・・・ 80

  (a) 局所指数族バンドル ・・・・・・・・・ 80

  (b) Hilbert バンドルと推定関数 ・・・・・・ 82

第5章 時系列と線形システムの幾何 ・・・・・・・ 87

§5.1 システムと時系列の空間 ・・・・・・・・ 87

§5.2 システム空間の計量と接続 ・・・・・・・ 90

§5.3 有限次元モデルの幾何学 ・・・・・・・・ 94

§5.4 安定システムと安定フィードバック ・・・・・・ 96

第6章 多元情報理論と統計的推論 ・・・・・・・ 101

§6.1 多元情報の統計的推論 ・・・・・・・・ 101

§6.2 0レートの検定理論・・・・・・・・・ 105

§6.3 0レートの推定理論・・・・・・・・・ 109

§6.4 一般の多元情報の推論問題 ・・・・・・・ 110

第7章 情報幾何のこれからの話題 ・・・・・・・ 113

§7.1 凸解析と線形計画の内点法の幾何学 ・・・・・・ 113

§7.2 ニューロ多様体と非線形システム ・・・・・・ 115

§7.3 Lie 群と情報幾何・・・・・・・・・ 117

§7.4 量子観測の情報幾何 ・・・・・・・・・ 120

§7.5 情報幾何が提起する数学上の問題 ・・・・・・ 122

参考書 ・・・・・・・・・・・・・・・・ 127

索引 ・・・・・・・・・・・・・・・・・ 131

第1章

微分幾何の基礎知識

　数学としての微分幾何学は現在までに高度の発展を遂げており，入門を目的として書かれた多くの数学書の内容といえども，必ずしも平易とは言えない．しかし本書で必要とされるのは，微分幾何の基本的な考えや概念を中心とするやさしい部分に限られる．また，現在の微分幾何の主なテーマは多様体全体の大域的な性質の解明にあり，そのために多くの理論が作られているわけであるが，情報幾何では(いまのところ)局所理論だけで十分である．

　情報幾何で最も大切なのは，統計学，情報理論，制御理論などのさまざまな問題を幾何学的イメージによって理解するための言語としての微分幾何であり，またそれによって新しい理論を発展させるための方法としての微分幾何である．以下では，このような立場から微分幾何の基礎をかいつまんで解説し，後の議論のための準備とする．

§1.1　微分可能多様体

　(微分可能)多様体(manifold)とは，滑らかな曲線や曲面など n 次元($n=1, 2,$ $\cdots$)の空間的拡がりを持つ幾何学的対象を一般化・抽象化した数学的概念である．一般に多様体 S とは，次のような「座標系を持った集合」のことをいう．まず，S はひとつの集合であり，したがって要素を持つ．この要素(S の点ともいう)自体はどんなものでもかまわない．例えば本書では，確率分布や線形システムなどを点とする多様体が登場する．また，S には**座標系**(coordinate system)が与えられているとする．これは S（の部分集合）から $\mathbf{R}^n$ への一対一写像であって，これによって S の各点を n 個の実数の組（これをその点の**座標**（coordinates）という）で指定することができる．自然数 n を S の**次元**（dimension）と呼び，$n=\dim S$ と記す．

　S 全体を定義域とする座標系は大域的座標系と呼ばれる．一般には，球面やトーラス（ドーナツ面）などのように大域的座標系を持たない多様体はいくらでもある．このときは，S の一部分であるある開集合 U を考え，U 上に一つの座標系を導入する．これによって U に属する点の座標が定義される．U に属さない点の座標を考えたいときには，その点を含む別の開集合 V を取り，V 上に別の座標系を導入すればよい．このように，複数の開集合上の座標系の集まりを考えることによって S 全体を表現することができる．しかし，以下では議論を簡単にするために，大域的座標系が存在する場合だけを扱うことにする．後章の準備としてはそれで十分である．また，本章の内容は基本的には多様体の局所理論であり，この仮定が一般性を損ねることはほとんどない．

　多様体 S 上の一つの座標系 $\varphi:S\to\mathbf{R}^n$ を取ろう．φ は S の 1 点 p に対して n 個の実数 $\varphi(p)=[\xi^1(p),\cdots,\xi^n(p)]=[\xi^1,\cdots,\xi^n]$ を与える．これが点 p の座標である．ξ^i を各点 p にその第 i 番目の座標を対応させる関数 $p\mapsto\xi^i(p)$ と考える場合には，これら n 個の関数 $\xi^i:S\to\mathbf{R}$（$i=1,\cdots,n$）を**座標関数**（coordinate function）という[*1]．また，座標系 φ を $\varphi=[\xi^1,\cdots,\xi^n]=[\xi^i]$ などのように

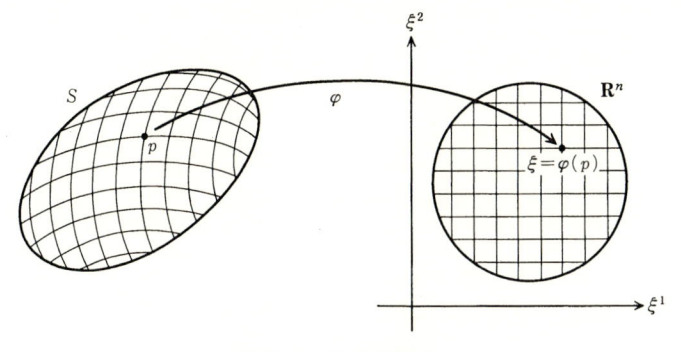

図1.1 S の座標系

　[*1]　以下ではしばしば，ξ^i,ρ^i などを 1 点の座標（を表す変数）という意味と座標関数という意味の両方で用いる．「関数 $y=y(x)$」などと書くのと同様．

§1.1 微分可能多様体 3

書くことにする(図1.1).

S にもう一つの座標系 $\psi=[\rho^i]$ を取ろう. このとき同一の点 $p \in S$ は, 座標系 φ では $[\xi^i(p)]=[\xi^i] \in \mathbf{R}^n$, ψ では $[\rho^i(p)]=[\rho^i] \in \mathbf{R}^n$ という座標値を持つ. $[\xi^i]$ から $[\rho^i]$ を得るには, $[\xi^i]$ を φ^{-1} で逆写像して S の点 p とし, これを ψ で写像して $[\rho^i]$ とすればよい. すなわち, $\mathbf{R}^n$ 上の変換

$$\psi \circ \varphi^{-1} : \quad [\xi^1, \cdots, \xi^n] \longmapsto [\rho^1, \cdots, \rho^n] \tag{1.1}$$

を考えればよい. これを座標系 $\varphi=[\xi^i]$ から $\psi=[\rho^i]$ への**座標変換**(coordinate transformation)という(図1.2).

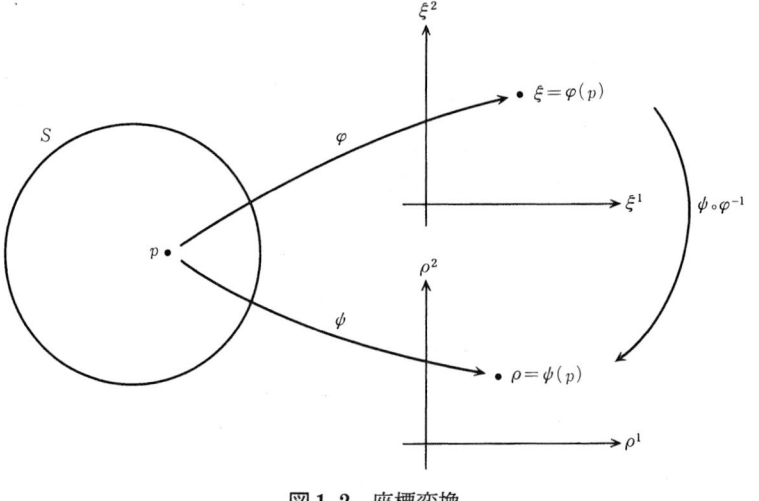

図1.2 座標変換

S を多様体として考えるということは, どんな座標系を取っても不変な性質を考察の対象にする, ということを意味する. 特に微分幾何では, S 上のさまざまな関数に対する微積分演算を用いて S の幾何学を展開するので, これらの演算が本質的に座標系の取り方に依存してしまうようでは困る. このため, 許される座標系を互いに滑らかに変換されるものに限る必要がある.

以上述べてきたことを数学的にきちんと定式化するために, 大域的座標系を持つ多様体の形式的な定義を与えておこう.

集合 S に対して, 次の条件(i), (ii)を満たす座標系の集合 $\mathcal{A}$ が与えられているときに, S(正確には $(S, \mathcal{A})$)を n 次元 **C^∞級微分可能多様体** あるいは単に

4　　　　　　　第1章　微分幾何の基礎知識

多様体と呼ぶ.

（ i ）　$\mathcal{A}$ の任意の要素 φ は，S から $\mathbf{R}^n$ への一対一写像 $\varphi: S \to \mathbf{R}^n$ であり，かつ値域 $\varphi(S)$ は $\mathbf{R}^n$ の開集合である.

（ii）　任意の $\varphi \in \mathcal{A}$ および S から $\mathbf{R}^n$ への任意の一対一写像 ψ に対し，

$$\psi \in \mathcal{A} \Longleftrightarrow \psi \circ \varphi^{-1} \text{ が } C^\infty \text{級同型}$$

　　である.

ただし上記の「C^∞ 級同型」という条件は，$\psi \circ \varphi^{-1}$ およびその逆写像 $\varphi \circ \psi^{-1}$ がともに C^∞ 級（何回でも微分可能）であることを意味する. すなわち，座標変換 (1.1)において，n 変数関数 $\rho^i = \rho^i(\xi^1, \cdots, \xi^n)$ が各変数について何回でも偏微分可能であり，また逆変換 $\xi^i = \xi^i(\rho^1, \cdots, \rho^n)$ についても同様，ということである. なお，本書ではこれ以降「C^∞ 級」という条件がいたるところに顔を出すが，実際にはほとんどの場合 C^∞ 級である必要はなく，適当な回数連続微分可能であれば十分である. C^∞ 級という言葉は，「十分に滑らか」という意味に考えればよい.

　S を多様体，φ をその座標系とする. S の部分集合 U に対して，φ による像 $\varphi(U)$ が $\mathbf{R}^n$ の開集合になるときに，U を S の開集合と呼ぶことにする. この定義は，上記の条件(ii)によって，座標系 φ の取り方には依らない. こうして，S を位相空間とみなすことができる. S の任意の空でない開集合 U に対して，S の座標系 φ の制限 $\varphi|_U$（φ の定義域を U に制限して得られる写像：$U \to \mathbf{R}^n$）を U の座標系とみなすことによって，U は S と同じ次元の多様体になる.

　多様体 S 上の関数 $f: S \to \mathbf{R}$ を考える. S の座標系 $\varphi = [\xi^i]$ を一つ取れば，点 p における値 $f(p)$ は，p の座標 $[\xi^i]$ の関数として $f(p) = \bar{f}(\xi^1, \cdots, \xi^n)$ と表される. ここで $\bar{f}$ は $\bar{f} = f \circ \varphi^{-1}$ と表され，$\mathbf{R}^n$ の開集合 $\varphi(S)$ を定義域とする実数値関数である. いま，$\bar{f}(\xi^1, \cdots, \xi^n)$ が $\varphi(S)$ の各点で偏微分可能だったとしよう. このとき，偏導関数 $\frac{\partial}{\partial \xi^i}\bar{f}(\xi^1, \cdots, \xi^n)$ も $\varphi(S)$ 上の関数になる. そこで，これを S 上の関数にもどしてやることによって，f の偏導関数 $\frac{\partial f}{\partial \xi^i} \stackrel{\text{def}}{=} \frac{\partial \bar{f}}{\partial \xi^i} \circ \varphi: S \to \mathbf{R}$ が定義される. この関数の点 p における値（点 p における偏微係数）を $\left(\frac{\partial f}{\partial \xi^i}\right)_p$ と書くことにする.

　$\bar{f} = f \circ \varphi^{-1}$ が C^∞ 級のとき，すなわち $\bar{f}(\xi^1, \cdots, \xi^n)$ が各変数について何回で

§1.1 微分可能多様体　　5

も偏微分可能なとき，f を S 上の C^∞ 級関数と呼ぶ．この定義は座標系 φ の取り方には依らない．C^∞ 級関数 f は偏導関数 $\dfrac{\partial f}{\partial \xi^i}$ を持ち，これも C^∞ 級関数になる．また，$\dfrac{\partial^2 f}{\partial \xi^j \partial \xi^i} = \dfrac{\partial}{\partial \xi^j}\dfrac{\partial f}{\partial \xi^i}$，およびその他の高階の偏導関数も定義され，やはり C^∞ 級になる．通常の $\mathbf{R}^n$ 上の C^∞ 級関数の場合と同様に，$\dfrac{\partial^2 f}{\partial \xi^j \partial \xi^i} = \dfrac{\partial^2 f}{\partial \xi^i \partial \xi^j}$ が成り立つ．

　S 上の C^∞ 級関数の全体を $\mathscr{F}(S)$ あるいは $\mathscr{F}$ と表す．$\mathscr{F}$ に属する任意の関数 f, g および任意の実数 c に対し，和 $f+g$，定数倍 cf および積 $f \cdot g$ がそれぞれ $(f+g)(p) = f(p)+g(p)$，$(cf)(p) = cf(p)$，$(f \cdot g)(p) = f(p) \cdot g(p)$ によって定義され，これらもまた $\mathscr{F}$ に属する．

　二つの座標系 $[\xi^i]$ および $[\rho^j]$ を考える．座標関数 ξ^i, ρ^j は明らかに C^∞ 級であるから，$\dfrac{\partial \xi^i}{\partial \rho^j}$，$\dfrac{\partial \rho^j}{\partial \xi^i}$ が定義される．これについて次が成り立つ．

$$\sum_{j=1}^n \frac{\partial \xi^i}{\partial \rho^j}\frac{\partial \rho^j}{\partial \xi^k} = \sum_{j=1}^n \frac{\partial \rho^i}{\partial \xi^j}\frac{\partial \xi^j}{\partial \rho^k} = \delta_k{}^i \tag{1.2}$$

ただし $\delta_k{}^i$ は $i=k$ のときは 1，それ以外のときは 0 を表す（Kronecker のデルタ）．また，任意の C^∞ 級関数 f に対し

$$\frac{\partial f}{\partial \rho^j} = \sum_{i=1}^n \frac{\partial \xi^i}{\partial \rho^j}\frac{\partial f}{\partial \xi^i}, \qquad \frac{\partial f}{\partial \xi^i} = \sum_{j=1}^n \frac{\partial \rho^j}{\partial \xi^i}\frac{\partial f}{\partial \rho^j} \tag{1.3}$$

が成り立つ．

　注意　これ以降，$i, j, \cdots$ などの添え字を含んだ式において，上と下に 1 回ずつ現れる添え字について和をとるという形が頻繁に出現する．そこで，このような場合には原則として，上下に 1 回ずつ現れる添え字についての和記号 $\sum$ を省略することにする．例えば上記の式 (1.2), (1.3) は

$$\frac{\partial \xi^i}{\partial \rho^j}\frac{\partial \rho^j}{\partial \xi^k} = \frac{\partial \rho^i}{\partial \xi^j}\frac{\partial \xi^j}{\partial \rho^k} = \delta_k{}^i$$

$$\frac{\partial f}{\partial \rho^j} = \frac{\partial \xi^i}{\partial \rho^j}\frac{\partial f}{\partial \xi^i}, \qquad \frac{\partial f}{\partial \xi^i} = \frac{\partial \rho^j}{\partial \xi^i}\frac{\partial f}{\partial \rho^j}$$

と表される．また，$\displaystyle\sum_{i=1}^n \sum_{j=1}^n A_{jk}{}^{ij}B_i{}^h$ なども $A_{jk}{}^{ij}B_i{}^h$ と略記される．逆に，このような形の式が現れたときには（特に断らないかぎり），常に $\sum$ が省略されている（したがって実際には和をとる）と考えることにする．$A_j{}^i X^j = A_k{}^i X^k$ などが常に成り立つことに注意．このような表記法は **Einstein の規約**（Einstein's convention）と呼ばれている．

§1.2 接ベクトルと接空間

多様体 S の1点 $p \in S$ における接空間 T_p とは，直観的に言うと，点 p で S を「局所線形化」したベクトル空間である．いま，S の座標系 $[\xi^i]$ を任意に取り，点 p を通る第 i 座標曲線（座標軸）に沿っての「接ベクトル」を e_i とおく．第 i 座標曲線とは，ξ^i 以外の座標 ξ^j $(j \ne i)$ の値を固定し，ξ^i の値だけを動かしてできる曲線のことである．点 p における n 個の接ベクトル $e_1, \cdots, e_n$ の張る n 次元線形空間が接空間 T_p である（図1.3）．点 p に「非常に近い」点 p' をとり，p と p' の座標をそれぞれ $[\xi^i]$，$[\xi^i + \mathrm{d}\xi^i]$（$\mathrm{d}\xi^i$ は微小量）とすれば，これらの2点を結ぶ線分は，T_p 内の無限小ベクトル $\overrightarrow{pp'} = \mathrm{d}\xi^i e_i$ で表すことができる．

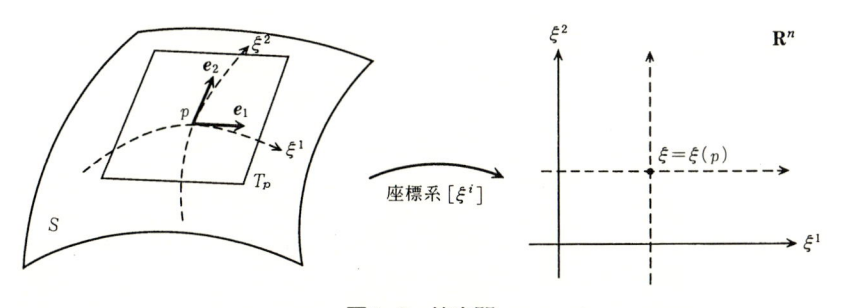

図1.3　接空間

上記の概念をもう少し厳密にしよう．このためには，多様体上の曲線と曲線の接ベクトルとを形式的に定義する必要がある．いま，ある区間 $I (\subset \mathbf{R})$ から S への一対一写像 $\gamma : I \to S$ を考えよう．S の点 $\gamma(t)$, $t \in I$, を座標で表すと，$\gamma^i(t) \overset{\text{def}}{=} \xi^i(\gamma(t))$ を用いて $\bar{\gamma}(t) = [\gamma^1(t), \cdots, \gamma^n(t)]$ が得られる．この $\bar{\gamma}(t)$ が $t \in I$ に関して C^∞ 級になるとき，γ を S 上の**(C^∞ 級)曲線**(curve) と呼ぶ．この定義は座標系 $[\xi^i]$ の取り方には依らない．

ここで，任意の曲線 γ とその1点 $\gamma(a) = p$ に対し，γ の p における「微分」あるいは「接ベクトル」$\left(\dfrac{\mathrm{d}\gamma}{\mathrm{d}t}\right)_p = \dot{\gamma}(a)$ という概念について考えよう．S が $\mathbf{R}^n$ の開集合の場合や $\mathbf{R}^l$ $(l \ge n)$ の中に滑らかに埋め込まれた多様体の場合には，γ の値域がひとつの線形空間に含まれるので，普通の意味での微分

§1.2 接ベクトルと接空間

$$\dot{\gamma}(a) = \lim_{h \to 0} \frac{\gamma(a+h) - \gamma(a)}{h} \tag{1.4}$$

を考えることができる. しかし一般の多様体の場合には上式は意味を持たない. 一方, S 上の C^∞ 級関数 $f \in \mathcal{F}$ を取り, 曲線上での値 $f(\gamma(t))$ を考えると, これは実数値関数であるから微分 $\dfrac{\mathrm{d}}{\mathrm{d}t} f(\gamma(t))$ が常に定義できる. 座標を用いれば, $f(\gamma(t)) = \bar{f}(\bar{\gamma}(t)) = \bar{f}(\gamma^1(t), \cdots, \gamma^n(t))$ であり, この微分は

$$\frac{\mathrm{d}}{\mathrm{d}t} f(\gamma(t)) = \left(\frac{\partial \bar{f}}{\partial \xi^i}\right)_{\bar{\gamma}(t)} \frac{\mathrm{d}\gamma^i(t)}{\mathrm{d}t} = \left(\frac{\partial f}{\partial \xi^i}\right)_{\gamma(t)} \frac{\mathrm{d}\gamma^i(t)}{\mathrm{d}t} \tag{1.5}$$

と書ける. これは関数 f の曲線 γ に沿った方向微分と呼ばれるものである. この方向微分を γ の接ベクトルの表現とみなそう. すなわち, $\forall f \in \mathcal{F}$ に対して $\dfrac{\mathrm{d}}{\mathrm{d}t} f(\gamma(t))|_{t=a}$ を対応させる演算子 : $\mathcal{F} \to \mathbf{R}$ を考え, γ の p における接ベクトル $(\mathrm{d}\gamma/\mathrm{d}t)_p = \dot{\gamma}(a)$ とはこの演算子のことである, と定義してしまうのである. こうすると, 式(1.5)より

$$\dot{\gamma}(a) = \left(\frac{\mathrm{d}\gamma}{\mathrm{d}t}\right)_p = \dot{\gamma}^i(a)\left(\frac{\partial}{\partial \xi^i}\right)_p \tag{1.6}$$

と表される $\left(\dot{\gamma}^i(a) = \dfrac{\mathrm{d}}{\mathrm{d}t} \gamma^i(t)|_{t=a}\right)$. ここで $\left(\dfrac{\partial}{\partial \xi^i}\right)_p$ は, $f \mapsto \left(\dfrac{\partial f}{\partial \xi^i}\right)_p$ なる演算子である. 接ベクトルを式(1.4)で定義できる場合には, (1.4)と(1.6)との間に一対一の自然な対応関係が成り立つことを示せる. したがって, 演算子としての接ベクトルの定義は(1.4)の一般化とみなすことができる.

偏微分とは座標曲線に沿った方向微分のことであるから, 演算子 $\left(\dfrac{\partial}{\partial \xi^i}\right)_p$ は点 p を通る第 i 座標曲線の接ベクトルとみなせる. さきに述べた e_i はこの $\left(\dfrac{\partial}{\partial \xi^i}\right)_p$ に相当する. (1.3)より

$$\left(\frac{\partial}{\partial \rho^j}\right)_p = \left(\frac{\partial \xi^i}{\partial \rho^j}\right)_p \left(\frac{\partial}{\partial \xi^i}\right)_{p'}, \qquad \left(\frac{\partial}{\partial \xi^i}\right)_p = \left(\frac{\partial \rho^j}{\partial \xi^i}\right)_p \left(\frac{\partial}{\partial \rho^j}\right)_p \tag{1.7}$$

が成り立つ.

点 p を通るあらゆる曲線を考えて, その接ベクトルの全体を T_p あるいは $T_p(S)$ と表す. (1.6)より

$$T_p(S) = \left\{ c^i \left(\frac{\partial}{\partial \xi^i}\right)_p \middle| [c^1, \cdots, c^n] \in \mathbf{R}^n \right\} \tag{1.8}$$

と書ける. これは線形空間を成し, かつ $\left\{\left(\dfrac{\partial}{\partial \xi^i}\right)_p ; i=1, \cdots, n\right\}$ は演算子として明らかに一次独立であるから, 次元は $n (= \dim S)$ である. $T_p(S)$ (およびその

8   第1章　微分幾何の基礎知識

要素)を，点 p における S の**接空間**(tangent space)(および**接ベクトル**(tangent vector))と呼ぶ．また，$\left(\dfrac{\partial}{\partial \xi^i}\right)_p$ を座標系 $[\xi^i]$ に伴う**自然基底**(natural basis)と呼ぶ．

任意の接ベクトル $D \in T_p$ は，$\forall f, \forall g \in \mathcal{F}$ および $\forall a, \forall b \in \mathbf{R}$ に対し，次を満たす．

[線形性] $\qquad\qquad D(af+bg) = aD(f)+bD(g) \qquad\qquad (1.9)$

[Leibniz の公式] $\quad D(f \cdot g) = f(p)D(g)+g(p)D(f) \qquad\qquad (1.10)$

逆に，これらの性質を満たす演算子 $D:\mathcal{F} \to \mathbf{R}$ は必ず T_p の要素になることも示せる．したがって，これらの性質によって接ベクトルという概念を定義することもできる．

§1.3　ベクトル場とテンソル場

多様体 S の各点 p に対し，p での一つの接ベクトル $X_p \in T_p(S)$ を定める対応 $X:p \mapsto X_p$ のことを，S 上の**ベクトル場**(vector field)という．例えば，任意の座標系 $[\xi^i]$ に対し，$\dfrac{\partial}{\partial \xi^i}:p \mapsto \left(\dfrac{\partial}{\partial \xi^i}\right)_p (i=1, \cdots, n)$ は n 個のベクトル場を定める．これは自然基底の成すベクトル場である．以下，$\dfrac{\partial}{\partial \xi^i}$ を ∂_i と書く．一般のベクトル場 X は，各点 p において，n 個の実数 $\{X_p^1, \cdots, X_p^n\}$ を用いて，$X_p = X_p^i(\partial_i)_p$ と一意的に表される．これより，S 上の関数 $X^i:p \mapsto X_p^i$ が定義される．n 個の関数 $\{X^1, \cdots, X^n\}$ を，$[\xi^i]$ に関する X の**成分**(component)と呼ぶ．このとき，$X=X^i\partial_i$ と表される．また，別の座標系 $[\rho^j]$ に関する成分表示を $X=\tilde{X}^j\tilde{\partial}_j \left(\tilde{\partial}_j \overset{\text{def}}{=} \dfrac{\partial}{\partial \rho^j}\right)$ とすると，次が成り立つ．

$$\tilde{X}^j = X^i \frac{\partial \rho^j}{\partial \xi^i}, \qquad X^i = \tilde{X}^j \frac{\partial \xi^i}{\partial \rho^j} \qquad\qquad (1.11)$$

ある座標系に関して n 個の成分がすべて C^∞ 級であるようなベクトル場は，別の任意の座標系に関する成分も C^∞ 級になる．このようなベクトル場を C^∞ 級ベクトル場という．以下では，C^∞ 級ベクトル場のみを考えることとし，これを単にベクトル場と呼ぶ．また，その全体を $\mathcal{T}(S)$ あるいは $\mathcal{T}$ と書く．明らかに $\partial_i \in \mathcal{T} (i=1, \cdots, n)$ である．

$\forall X, \forall Y \in \mathcal{T}$ および $\forall c \in \mathbf{R}$ に対し，$X+Y:p \mapsto X_p+Y_p$ および $cX:p$

§1.3 ベクトル場とテンソル場　　　9

$\mapsto cX_p$ もまた $\mathcal{T}$ に属する．これによって $\mathcal{T}$ は線形空間(ただし無限次元)になる．さらに，$\forall f \in \mathcal{F}$ に対し $fX : p \mapsto f(p)X_p$ も $\mathcal{T}$ に属する．

　一般に，線形空間 $V_1, V_2, \cdots, V_r, W$ に関する写像 $F : V_1 \times \cdots \times V_r \to W$ に対し次が成り立つとき，F は**多重線形写像**であるという：$F(v_1, \cdots, v_r)$ において，$v_1, \cdots, v_r$ の中の任意の一つ v_i を変数とし，他のすべての v_j $(j \neq i)$ を任意の要素$(\in V_j)$ に固定する．これを $\tilde{F}(v_i)$ と表すとき，$\tilde{F} : v_i \mapsto \tilde{F}(v_i)$ は V_i から W への線形写像になる．

　$\forall p \in S$ において，$\underbrace{T_p \times \cdots \times T_p}_{r \text{個の直積}} \to \mathbf{R}$ なる多重線形写像の全体を $[T_p]_r^0$ とおき，また，$\underbrace{T_p \times \cdots \times T_p}_{r \text{個の直積}} \to T_p$ なる多重線形写像の全体を $[T_p]_r^1$ とおく．S の各点 p に対し，$[T_p]_r^q$ $(q = 0, 1)$ の要素 A_p を一つ定める対応 $A : p \mapsto A_p$ を，S 上の **(q, r) 型テンソル場**(tensor field)という．$(0, r)$ 型を **r 階共変**テンソル場，$(1, r)$ 型を **1 階反変 r 階共変**テンソル場ともいう．ベクトル場は $(1, 0)$ 型テンソル場と見なせる．$q = 2, 3, \cdots$ についても (q, r) 型テンソル場を定義することができるが，本書では扱わない．なお，テンソル場のことを単にテンソルと呼ぶこともある．

　(q, r) 型テンソル場 A および r 個のベクトル場 $X_1, \cdots, X_r$ を取ると，S を定義域とする次のような対応を考えることができる．

$$A(X_1, \cdots, X_r) : \quad p \longmapsto A_p((X_1)_p, \cdots, (X_r)_p) \qquad (1.12)$$

$q = 0$ の場合には，$A_p((X_1)_p, \cdots, (X_r)_p) \in \mathbf{R}$ であるから，この対応は S 上の関数になる．また，$q = 1$ の場合には，$A_p((X_1)_p, \cdots, (X_r)_p) \in T_p$ であるから，この対応は S 上のベクトル場になる．A が与えられたとき，任意の C^∞ 級ベクトル場 $X_1, \cdots, X_r \in \mathcal{T}$ に対してこの対応 $A(X_1, \cdots, X_r)$ が常に C^∞ 級($q = 0$ の場合は $\mathcal{F}$ の要素，$q = 1$ の場合は $\mathcal{T}$ の要素)になるとき，A を C^∞ 級テンソル場という．以下では，C^∞ 級テンソル場のみを考えることとし，これを単にテンソル場と呼ぶ．

　(q, r) 型テンソル場 A を $(X_1, \cdots, X_r) \mapsto A(X_1, \cdots, X_r)$ なる対応として考えれば，$q = 0$ の場合は $A : \underbrace{\mathcal{T} \times \cdots \times \mathcal{T}}_{r \text{個の直積}} \to \mathcal{F}$，$q = 1$ の場合は $A : \underbrace{\mathcal{T} \times \cdots \times \mathcal{T}}_{r \text{個の直積}} \to \mathcal{T}$ と見なせる．これは多重線形写像になるが，さらに $\forall f_1, \cdots, \forall f_r \in \mathcal{F}$ に対し

$$A(f_1 X_1, \cdots, f_r X_r) = f_1 \cdots f_r A(X_1, \cdots, X_r)$$

が成り立つ．この性質を A の $\mathcal{F}$-**多重線形性**と呼ぶ．逆に，写像 $A:\mathcal{T}\times\cdots\times\mathcal{T}\to\mathcal{F}$ あるいは $A:\mathcal{T}\times\cdots\times\mathcal{T}\to\mathcal{T}$ が $\mathcal{F}$-多重線形であれば，式(1.12)を満たすテンソル場 $p\mapsto A_p$ が一意に定まる．

$(0, r)$ 型テンソル場 A に対して r 個の基底ベクトル場 $\partial_{i_1},\cdots,\partial_{i_r}$ を作用させる $\left(\partial_i\overset{\text{def}}{=}\dfrac{\partial}{\partial\xi^i}\right)$ と，一つの関数が得られる．これを

$$A(\partial_{i_1},\cdots,\partial_{i_r}) = A_{i_1\cdots i_r}$$

とおこう．$i_1,\cdots,i_r$ を動かしてできる n^r 個の関数 $\{A_{i_1\cdots i_r}\}$ を，座標系 $[\xi^i]$ に関する A の**成分**と呼ぶ．いま，r 個のベクトル場 $X_1,\cdots,X_r$ を任意に取れば，これらは $X_j=X_j^i\partial_i$ と成分表示される．このとき $\mathcal{F}$-多重線形性により

$$A(X_1,\cdots,X_r) = A_{i_1\cdots i_r}X_1^{i_1}\cdots X_r^{i_r}$$

が成立する．また，$(1, r)$ 型テンソル場 A の場合には $A(\partial_{i_1},\cdots,\partial_{i_r})$ はベクトル場になるので，これを成分表示すれば

$$A(\partial_{i_1},\cdots,\partial_{i_r}) = A_{i_1\cdots i_r}{}^k\partial_k$$

と書ける．こうして定義される n^{r+1} 個の関数 $\{A_{i_1\cdots i_r}{}^k\}$ を $[\xi^i]$ に関する A の成分と呼ぶ．前と同様に，$X_j=X_j^i\partial_i$ に対して次が成り立つ．

$$A(X_1,\cdots,X_r) = (A_{i_1\cdots i_r}{}^k X_1^{i_1}\cdots X_r^{i_r})\partial_k$$

別の座標系 $[\rho^j]$ に関する成分を ~ をつけて表すと，次のようになる．

$$\tilde{A}_{j_1\cdots j_r} = A_{i_1\cdots i_r}\left(\frac{\partial\xi^{i_1}}{\partial\rho^{j_1}}\right)\cdots\left(\frac{\partial\xi^{i_r}}{\partial\rho^{j_r}}\right) \tag{1.13}$$

$$\tilde{A}_{j_1\cdots j_r}{}^l = A_{i_1\cdots i_r}{}^k\left(\frac{\partial\xi^{i_1}}{\partial\rho^{j_1}}\right)\cdots\left(\frac{\partial\xi^{i_r}}{\partial\rho^{j_r}}\right)\left(\frac{\partial\rho^l}{\partial\xi^k}\right) \tag{1.14}$$

§1.4 部分多様体

集合 S とその部分集合 M がともに多様体であり，それぞれ座標系 $[\xi^1,\cdots,\xi^n]=[\xi^i]$ および $[u^1,\cdots,u^m]=[u^a]$ を持っているとする．ただし $n=\dim S,\ m=\dim M$ である．これ以降，$\{1,\cdots,n\}$ を動く S に関する添え字としては $i, j, k,\cdots$ を，$\{1,\cdots,m\}$ を動く M に関する添え字としては $a, b, c,\cdots$ を用いることにする．

次の条件(i), (ii), (iii)が成り立つとき，M は S の**部分多様体**(submanifold)

§1.4 部分多様体 11

であるという.

(i) 各 ξ^i ($: S \to \mathbf{R}$) の M への制限 $\xi^i|_M$ は M 上の C^∞ 級関数になる.

(ii) M の各点 p において, $B_a{}^i \overset{\text{def}}{=} \left(\dfrac{\partial \xi^i}{\partial u^a}\right)_p$ (正確には, $\left(\dfrac{\partial \xi^i|_M}{\partial u^a}\right)_p$), $B_a \overset{\text{def}}{=} [B_a{}^1, \cdots, B_a{}^n] \in \mathbf{R}^n$ とおくとき, $\{B_1, \cdots, B_m\}$ は一次独立になる. (したがって $m \leqq n$ となる.)

(iii) M の任意の開集合 W に対し, $W = M \cap U$ を満たす S の開集合 U が存在する.

これらの条件は座標系 $[\xi^i]$, $[u^a]$ の取り方にはよらない.

§1.1 で述べたように, S の任意の空でない開集合は n 次元多様体になるが, これは S の部分多様体である. $m (< n)$ 次元部分多様体の例は次のようにして作れる. S の座標系 $[\xi^i]$ と $n - m$ 個の実数 $\{c^{m+1}, \cdots, c^n\}$ を任意にとり,

$$M \overset{\text{def}}{=} \{p \in S \,|\, \xi^i(p) = c^i, \ m+1 \leqq i \leqq n\}$$

とおく. ただし $M \neq \varnothing$ (空集合) を仮定する. このとき, $u^a \overset{\text{def}}{=} \xi^a|_M$ $(1 \leqq a \leqq m)$ とおけば, M は $[u^a]$ を座標系とする m 次元多様体になり, かつ S の部分多様体になる. また, この「逆」も局所的には一般に成り立つ. すなわち, S の任意の m 次元部分多様体 M とその任意の座標系 $[u^a]$ および $n - m$ 個の任意の実数 $\{c^{m+1}, \cdots, c^n\}$ が与えられたとき, $\forall p \in M$ に対し, p を含む S の開集合 U とその座標系 $[\xi^i]$ を適当にとれば

$$M \cap U = \{p \in U \,|\, \xi^i(p) = c^i, \ m+1 \leqq i \leqq n\}$$

かつ $u^a|_{M \cap U} = \xi^a|_{M \cap U}$ $(1 \leqq a \leqq m)$ が成り立つようにできる.

M が S の部分多様体のとき, M 上の任意の曲線 $\gamma : t \mapsto \gamma(t)$ は S 上の曲線ともみなせる. したがって, γ 上の 1 点 p における γ の接ベクトル $(\mathrm{d}\gamma/\mathrm{d}t)_p$ を, $T_p(M)$ の要素と $T_p(S)$ の要素という 2 通りの意味に理解できる. M, S の座標系 $[u^a], [\xi^i]$ を用いて, $\gamma^a \overset{\text{def}}{=} u^a \circ \gamma$, $\gamma^i \overset{\text{def}}{=} \xi^i \circ \gamma$ とおけば, これらの接ベクトルはそれぞれ $(\mathrm{d}\gamma^a/\mathrm{d}t)_p (\partial_a)_p \in T_p(M)$, $(\mathrm{d}\gamma^i/\mathrm{d}t)_p (\partial_i)_p \in T_p(S)$ と表される ($\partial_a \overset{\text{def}}{=} \partial/\partial u^a$, $\partial_i \overset{\text{def}}{=} \partial/\partial \xi^i$). ここで

$$\left(\frac{\mathrm{d}\gamma^i}{\mathrm{d}t}\right)_p = \left(\frac{\partial \xi^i}{\partial u^a}\right)_p \left(\frac{\mathrm{d}\gamma^a}{\mathrm{d}t}\right)_p \tag{1.15}$$

が成り立つので, 部分多様体の条件 (ii) により, これらの接ベクトルは互いに

一対一に対応する．そこで両者を同一視してしまえば，$T_p(M)$ は $T_p(S)$ の線形部分空間とみなすことができる．このとき，(1.15)より

$$\left(\frac{\partial}{\partial u^a}\right)_p = \left(\frac{\partial \xi^i}{\partial u^a}\right)_p\left(\frac{\partial}{\partial \xi^i}\right)_p = B_a{}^i \partial_i \tag{1.16}$$

と書ける．すなわち，$B_a{}^i \partial_i$ は，M の座標系 $[u^a]$ に関する自然基底ベクトル ∂_a を $T_p(S)$ のベクトルと見たものであることを示している．また，これは微分演算子の等式と考えることもできる．すなわち，$\forall f \in \mathscr{F}(S)$ に対し $\left(\frac{\partial f}{\partial u^a}\right)_p = \left(\frac{\partial \xi^i}{\partial u^a}\right)_p\left(\frac{\partial f}{\partial \xi^i}\right)_p$ が成り立つ．

§1.5 Riemann 計量

多様体 S の各点 p において，接空間 $T_p(S)$ 上に内積〈 , 〉$_p$ が定義されているとする．すなわち，$\forall D, \forall D' \in T_p(S)$ に対し〈D, D'〉$_p \in \mathbf{R}$ が定まり，次が成り立つとする．

[線形性]　〈$aD + bD', D''$〉$_p = a$〈D, D''〉$_p + b$〈D', D''〉$_p$

　　　　　（$\forall a, \forall b \in \mathbf{R}$） \tag{1.17}

[対称性]　〈D, D'〉$_p =$〈D', D〉$_p$ \tag{1.18}

[正値性]　$D \neq 0$　ならば　〈D, D〉$_p > 0$ \tag{1.19}

式(1.17),(1.18)より〈 , 〉$_p$ は二重線形写像になるから，〈 , 〉$_p \in [T_p(S)]_2^0$ である．したがって，S の各点 p に対し $T_p(S)$ 上の内積を与える対応 $g: p \mapsto$〈 , 〉$_p$ を考えると，これは S 上の2階共変テンソル場になる．g がテンソル場として C^∞ 級のとき，これを S 上の（C^∞ 級）**Riemann 計量**(Riemannian metric)と呼ぶ．このような g は S の多様体としての構造から自然に定まるものではなく，S 上には無数の Riemann 計量が考えられる．S に Riemann 計量 g が一つ指定されているとき，S（正確には (S, g)）を **Riemann 多様体**(Riemannian manifold)という．

$[\xi^i]$ を S の座標系とし，$\partial_i \overset{\text{def}}{=} \frac{\partial}{\partial \xi^i}$ とおく．このとき，Riemann 計量 g の $[\xi^i]$ に関する成分 $\{g_{ij}; i, j = 1, \cdots, n\}$（$n = \dim S$）は $g_{ij} =$〈∂_i, ∂_j〉によって求まる．これは $\forall p \in S$ に対して，$g_{ij}(p) =$〈$(\partial_i)_p, (\partial_j)_p$〉$_p$ を対応させる C^∞ 級関数である．接ベクトル $D, D' \in T_p$ を $D = D^i(\partial_i)_p$, $D' = D'^i(\partial_i)_p$ と成分表示すれば，

§1.5 Riemann 計量

その内積は

$$\langle D, D'\rangle_p = g_{ij}(p)\, D^i D'^j$$

と書ける. また, 接ベクトル D の長さ $\|D\|$ は次式で与えられる.

$$\|D\|^2 = \langle D, D\rangle_p = g_{ij}(p)\, D^i D^j$$

$g_{ij}(p)$ を (i, j) 要素とする $n\times n$ 行列 $G(p)=[g_{ij}(p)]$ を考えると, 式(1.18), (1.19)より, これは正定値対称行列になる. 逆に, n 次元多様体 S の座標系 $[\xi^i]$ と n^2 個の C^∞ 級関数 $\{g_{ij}\}(\subset \mathscr{F}(S))$ が与えられ, $\forall p \in S$ に対し, $G(p)=[g_{ij}(p)]$ が正定値対称行列になるならば, $[\xi^i]$ に関する成分が $\{g_{ij}\}$ であるような S 上の Riemann 計量が一意的に定まる. 別の任意の座標系 $[\rho^k]$ に関する成分 $\tilde{g}_{kl}\overset{\text{def}}{=}\langle \tilde{\partial}_k, \tilde{\partial}_l\rangle\left(\tilde{\partial}_k\overset{\text{def}}{=}\dfrac{\partial}{\partial \rho^k}\right)$ との関係は, 次のような2階共変テンソル場の変換式((1.13)参照)で与えられる.

$$\tilde{g}_{kl} = g_{ij}\left(\frac{\partial \xi^i}{\partial \rho^k}\right)\left(\frac{\partial \xi^j}{\partial \rho^l}\right), \quad g_{ij} = \tilde{g}_{kl}\left(\frac{\partial \rho^k}{\partial \xi^i}\right)\left(\frac{\partial \rho^l}{\partial \xi^j}\right) \tag{1.20}$$

$G(p)=[g_{ij}(p)]$ の逆行列 $G(p)^{-1}$(これも正定値対称になる)の (i, j) 要素を $g^{ij}(p)$ と表し, S 上の関数 $g^{ij}: p\mapsto g^{ij}(p)$ を定義する. すなわち,

$$g_{ij}\, g^{jk} = \delta_i{}^k = \begin{cases} 1 & (k=i) \\ 0 & (k\neq i) \end{cases} \tag{1.21}$$

とする. $\tilde{G}(p)=[\tilde{g}_{kl}(p)]$ の逆行列 $\tilde{G}(p)^{-1}=[\tilde{g}^{kl}(p)]$ との関係は, 次式で与えられる.

$$\tilde{g}^{kl} = g^{ij}\left(\frac{\partial \rho^k}{\partial \xi^i}\right)\left(\frac{\partial \rho^l}{\partial \xi^j}\right), \quad g^{ij} = \tilde{g}^{kl}\left(\frac{\partial \xi^i}{\partial \rho^k}\right)\left(\frac{\partial \xi^j}{\partial \rho^l}\right) \tag{1.22}$$

Riemann 多様体 S 上の任意の曲線 $\gamma:[a, b]\to S$ に対し, その長さ $\|\gamma\|$ が次式で定義される.

$$\|\gamma\| \overset{\text{def}}{=} \int_a^b \left\|\frac{d\gamma}{dt}\right\| dt = \int_a^b \sqrt{g_{ij}\dot{\gamma}^i \dot{\gamma}^j}\, dt \tag{1.23}$$

ただし $\dot{\gamma}^i$ は $\gamma^i \overset{\text{def}}{=} \xi^i \circ \gamma$ の導関数である((1.6)参照).

M を Riemann 多様体 S の部分多様体とする. §1.4 で述べたように, $\forall p \in M$ に対し $T_p(M)$ は $T_p(S)$ の線形部分空間と見なせるから, $T_p(S)$ 上の内積 $g(p)=\langle \ , \ \rangle_p$ から $T_p(M)$ 上の内積が自然に定まる. この内積を $g|_M(p)$ とおけば, $g|_M: p\mapsto g|_M(p)$ は M 上の Riemann 計量になる. M の任意の座標系

14　　第1章　微分幾何の基礎知識

$[u^a]$ に関する $g|_M$ の成分 $\{g_{ab}\}$ は，(1.16)より次のように表される.

$$g_{ab} = \left\langle \frac{\partial}{\partial u^a}, \frac{\partial}{\partial u^b} \right\rangle = g_{ij}\left(\frac{\partial \xi^i}{\partial u^a}\right)\left(\frac{\partial \xi^j}{\partial u^b}\right) \tag{1.24}$$

§1.6　アファイン接続と共変微分

S を n 次元多様体とする．S が $\mathbf{R}^n$ の開集合の場合には，曲線 γ の接ベクトルを式(1.4)で定義することにより，$\forall p \in S$ における接空間 $T_p = T_p(S)$ は $\mathbf{R}^n$ と同一視できる．すなわち，p と q が異なっても T_p と T_q は自然に対応のつく同一のものと考えてよい．しかし，一般の多様体 S の場合には，p と q が異なれば T_p と T_q はまったく別の空間である．したがって，もし T_p と T_q の間の対応関係を扱いたいのであれば，多様体としての構造に加えて，何か別の構造を S に与えてやらなければならない．アファイン接続とは，そのような構造の一種である．

直観的な言い方をすると，S にアファイン接続をひとつ与えるということは，S の各点 p とそれに「隣接する」点 p' に対し，T_p と $T_{p'}$ の間に線形な一対一対応を定めることである．ただし，p と p' が隣接しているという意味は，S の座標系 $[\xi^i]$ を任意に取ったときに，p の座標と p' の座標との差 $d\xi^i \overset{\text{def}}{=} \xi^i(p') - \xi^i(p)$ が十分に小さく，これを1次の微小量(無限小)とするとき $(d\xi^i)(d\xi^j)$ などの2次の微小量は無視できる，ということであるとする．以下ではこのような直観的な無限小概念に基づいてアファイン接続の概念を導入する．(これらの議論はファイバー束という数学的概念を用いることにより厳密化することができる.)

図1.4に示すように，T_p から $T_{p'}$ への線形写像 $\Pi_{p,p'}$ をひとつ定めるには，各 $j \in \{1, \cdots, n\}$ に対して $\Pi_{p,p'}((\partial_j)_p)$ が $\{(\partial_1)_{p'}, \cdots, (\partial_n)_{p'}\}$ の線形結合としてどう表されるかを指定すればよい $\left(\partial_j \overset{\text{def}}{=} \dfrac{\partial}{\partial \xi^j}\right)$．ここでは，$\Pi_{p,p'}((\partial_j)_p)$ と $(\partial_j)_{p'}$ との差は微小であり，$\{d\xi^1, \cdots, d\xi^n\}$ の線形結合で表されると仮定しよう．この場合

$$\Pi_{p,p'}((\partial_j)_p) = (\partial_j)_{p'} - d\xi^i (\Gamma_{ij}{}^k)_p (\partial_k)_{p'} \tag{1.25}$$

と書ける．ただし，$\{(\Gamma_{ij}{}^k)_p ; i, j, k = 1, \cdots, n\}$ は点 p ごとに定まる n^3 個の実数

§1.6 アファイン接続と共変微分 15

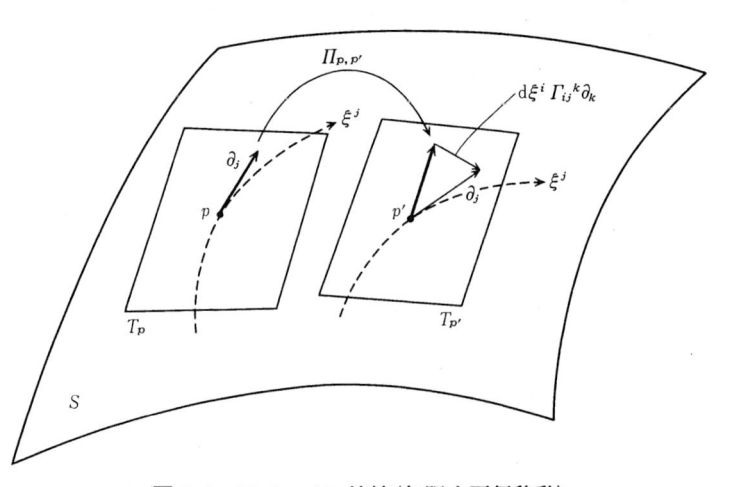

図 1.4 アファイン接続(無限小平行移動)

である.

S の各点 p とそれに隣接する点 p' に対して (1.25) の形の線形写像 $\Pi_{p,p'}:$ $T_p \to T_{p'}$ が定義されていて,かつ n^3 個の関数 $\Gamma_{ij}{}^k : p \mapsto (\Gamma_{ij}{}^k)_p$ がすべて C^∞ 級であるとき,S 上に**アファイン接続**(affine connection)がひとつ与えられたという.また $\{\Gamma_{ij}{}^k\}$ を,与えられたアファイン接続の座標系 $[\xi^i]$ に関する**接続係数**(connection coefficients)と呼ぶ.接続係数は C^∞ 級である限り任意であり,アファイン接続にもそれだけの自由度がある.以下では,アファイン接続のことを単に接続ともいう.

$[\rho^r] = [\rho^1, \cdots, \rho^n]$ を $[\xi^i]$ とは別の任意の座標系とし,$\tilde{\partial}_r \overset{\text{def}}{=} \dfrac{\partial}{\partial \rho^r} = \dfrac{\partial \xi^i}{\partial \rho^r} \partial_i$ とおく.(1.25)および $\Pi_{p,p'}$ の線形性より

$$\Pi_{p,p'}((\tilde{\partial}_s)_p) = \left(\frac{\partial \xi^j}{\partial \rho^s}\right)_p \{(\partial_j)_{p'} - \mathrm{d}\xi^i (\Gamma_{ij}{}^k)_p (\partial_k)_{p'}\}$$

が成り立つ.この式の右辺に

$$\left(\frac{\partial \xi^j}{\partial \rho^s}\right)_{p'} = \left(\frac{\partial \xi^j}{\partial \rho^s}\right)_p + \left(\frac{\partial^2 \xi^j}{\partial \rho^r \partial \rho^s}\right)_p \mathrm{d}\rho^r$$

$$\mathrm{d}\xi^i = \left(\frac{\partial \xi^i}{\partial \rho^r}\right)_p \mathrm{d}\rho^r \qquad (\mathrm{d}\rho^r \overset{\text{def}}{=} \rho^r(p') - \rho^r(p))$$

を代入し,かつ 2 次の微小量を無視すれば

$$\Pi_{p,p'}((\tilde{\partial}_s)_p) = (\tilde{\partial}_s)_{p'} - \mathrm{d}\rho^r (\tilde{\Gamma}_{rs}{}^t)_p (\tilde{\partial}_t)_{p'} \tag{1.26}$$

16　　　　　　　第1章　微分幾何の基礎知識

を得る．ただし，$(\tilde{\Gamma}_{rs}{}^t)_p$ は

$$\tilde{\Gamma}_{rs}{}^t = \left\{\Gamma_{ij}{}^k \frac{\partial \xi^i}{\partial \rho^r}\frac{\partial \xi^j}{\partial \rho^s} + \frac{\partial^2 \xi^k}{\partial \rho^r \partial \rho^s}\right\}\frac{\partial \rho^t}{\partial \xi^k} \tag{1.27}$$

で定義される S 上の関数 $\tilde{\Gamma}_{rs}{}^t$ の点 p における値である．(1.26)は(1.25)と同じ形をしている．また，$\forall(i, j, k)$ に対して $\Gamma_{ij}{}^k$ が C^∞ 級ならば，$\forall(r, s, t)$ に対して $\tilde{\Gamma}_{rs}{}^t$ も C^∞ 級になる．つまり，アファイン接続という概念は座標変換のもとで不変であることがわかる．ただし，接続係数は(1.27)に従って変換を受ける．

　アファイン接続は，互いに隣接する2点 p, p' に対して T_p と $T_{p'}$ の間の対応を定める．この対応を次々とつないでいくことにより，離れた2点 p, q に対しても，T_p と T_q とを対応づけることができる．ただし，この対応は p と q とを結ぶ曲線 γ に沿って行い，γ に依存して定まる．これを示すため，「曲線に沿った接ベクトルの平行移動」という概念を以下のようにして定義しよう．

　$\gamma:[a, b]\to S$ を，$\gamma(a)=p$，$\gamma(b)=q$，すなわち点 p と点 q とを結ぶ S 上の任意の曲線とする．この曲線上の各点 $\gamma(t)$ において接ベクトル $X(t)\in T_{\gamma(t)}$ を一つ指定するような対応 $X: t\mapsto X(t)$ を，**γ に沿ったベクトル場**と呼ぶ．このようなベクトル場 X が，任意の $t\in[a, b]$ およびその微小変位 dt について接続の定める線形写像で順次結ばれているとき，すなわち

$$X(t+dt) = \Pi_{\gamma(t),\gamma(t+dt)}(X(t)) \tag{1.28}$$

を満たすとき，X は γ 上で**平行**(parallel)であるという(図1.5)．

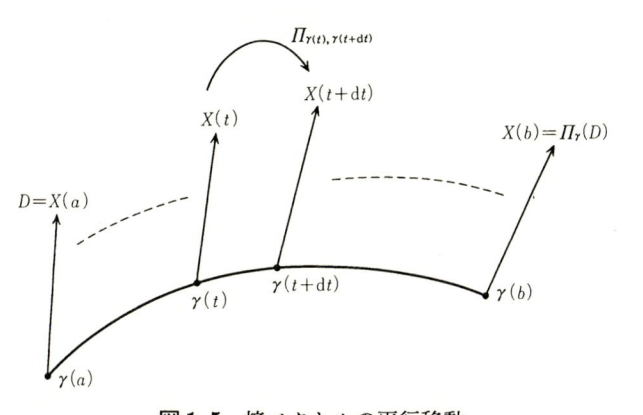

図1.5　接ベクトルの平行移動

§1.6 アファイン接続と共変微分

上式を座標系を用いた表現に書き直してみよう. $[\xi^i]$ を任意の座標系とし, $\partial_i = \dfrac{\partial}{\partial \xi^i}$ とおけば, $X(t) = X^i(t)(\partial_i)_{\gamma(t)}$ と書ける. このとき (1.25) より

$$\Pi_{\gamma(t),\gamma(t+dt)}(X(t)) = \{X^k(t) - dt\,\dot{\gamma}^i(t)X^j(t)(\Gamma_{ij}{}^k)_{\gamma(t)}\}(\partial_k)_{\gamma(t+dt)}$$

$$(1.29)$$

と書ける. ただし, $\gamma^i \overset{\text{def}}{=} \xi^i \circ \gamma$ であり, $\dot{\gamma}^i(t)$ はその導関数である. 一方, $X(t+dt) = X^i(t+dt)(\partial_i)_{\gamma(t+dt)}$ であるから, これらを (1.28) に代入すると

$$\dot{X}^k(t) + \dot{\gamma}^i(t)X^j(t)(\Gamma_{ij}{}^k)_{\gamma(t)} = 0 \qquad (1.30)$$

を得る. ただし, $\dot{X}^k(t) \overset{\text{def}}{=} dX^k(t)/dt = \{X^k(t+dt) - X^k(t)\}/dt$ である. 式 (1.30) は $X^1(t), \cdots, X^n(t)$ に関する 1 階の連立線形常微分方程式であり, 任意の初期条件のもとで解は一意に存在する. このことから, $\forall D \in T_{\gamma(a)} = T_p$ が与えられたとき, γ に沿った平行ベクトル場 X で $X(a) = D$ を満たすものが一意に存在することがわかる. このとき, $X(b) \in T_{\gamma(b)} = T_q$ は D によって定まるので, これを $\Pi_\gamma(D)$ と表すことにすると, Π_γ は $T_p \to T_q$ なる線形同型写像になる. Π_γ を **γ に沿った平行移動**(parallel displacement)と呼ぶ.

曲線 $\gamma : [a, b] \to S$ と γ に沿ったベクトル場 X が与えられたとする. 一般の多様体 S では, $X(t)$ と $X(t+h)$ は別の空間に属するので, 微分 $dX(t)/dt = \lim_{h \to 0}\{X(t+h) - X(t)\}/h$ を考えることはできない. しかし, S にアファイン接続が与えられている場合には, $X(t+h) \in T_{\gamma(t+h)}$ を γ に沿って $T_{\gamma(t)}$ まで平行移動させてしまえば, そうして得られる $X_t(t+h) = \Pi_{\gamma(t+dt),\gamma(t)}(X(t+dt))$ を用いて, $T_{\gamma(t)}$ 内で $\lim_{h \to 0}\{X_t(t+h) - X(t)\}/h$ を考えることができる. これを $X(t)$ の**共変微分**(covariant derivative)と呼び, $\delta X(t)/dt$ と表すことにする. これは, $dX(t) = X(t+dt) - X(t)$ の代わりとして

$$\delta X(t) = \Pi_{\gamma(t+dt),\gamma(t)}(X(t+dt)) - X(t) \qquad (1.31)$$

を用いることを意味する(図 1.6).

$X(t) = X^j(t)(\partial_j)_{\gamma(t)}$ と表されるとき

$$\Pi_{\gamma(t+dt),\gamma(t)}(X(t+dt)) = \{X^k(t+dt) + dt\,\dot{\gamma}^i(t)X^j(t)(\Gamma_{ij}{}^k)_{\gamma(t)}\}(\partial_k)_{\gamma(t)}$$

$$(1.32)$$

と書けるので, これを (1.31) に代入すれば

$$\frac{\delta X(t)}{dt} = \{\dot{X}^k(t) + \dot{\gamma}^i(t)X^j(t)(\Gamma_{ij}{}^k)_{\gamma(t)}\}(\partial_k)_{\gamma(t)} \qquad (1.33)$$

18　　　　第1章　微分幾何の基礎知識

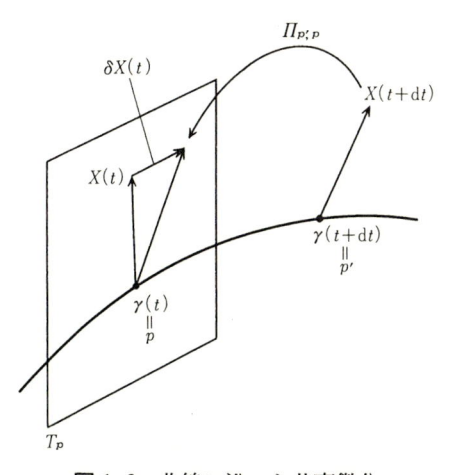

図 1.6　曲線に沿った共変微分

が得られる．この $\dfrac{\delta X}{\mathrm{d}t}$ も γ に沿ったベクトル場になる．また，X の平行性条件(1.30)は $\dfrac{\delta X}{\mathrm{d}t}=0$ と表されることがわかる．

　このようにして，曲線に沿ったベクトル場 $X(t)$ の変化分 δX または微分 $\dfrac{\delta X}{\mathrm{d}t}$ が接続を用いて定義された．これを「S 上のベクトル場 $X=X^i\partial_i\in\mathscr{T}$ の接ベクトル $D=D^i(\partial_i)_p\in T_p$ に沿った方向微分」に拡張することは容易である．すなわち，点 p での接方向が D であるような曲線を考えて，その上で X を共変微分すれば，

$$\nabla_D X = D^i\{(\partial_i X^k)_p + X_p^j(\Gamma_{ij}{}^k)_p\}(\partial_k)_p \in T_p(S) \qquad (1.34)$$

が得られる．実際，任意の曲線 γ に対して $X_\gamma:t\mapsto X_{\gamma(t)}$ とおけば，式(1.33)，(1.34)より次が成り立つ．

$$\frac{\delta X_{\gamma(t)}}{\mathrm{d}t} = \nabla_{\dot{\gamma}(t)} X \qquad (1.35)$$

さらに，$\forall X, \forall Y\in\mathscr{T}(S)$ に対してベクトル場 $\nabla_X Y\in\mathscr{T}(S)$ が $(\nabla_X Y)_p = \nabla_{X_p} Y\in T_p(S)$ によって定義される．これを Y の X による**共変微分**と呼ぶ．$X=X^i\partial_i,\ Y=Y^i\partial_i$ に対し

$$\nabla_X Y = X^i\{\partial_i Y^k + Y^j\Gamma_{ij}{}^k\}\partial_k \qquad (1.36)$$

と書ける．特に $X=\partial_i,\ Y=\partial_j$ とおけば，共変微分の成分表示

$$\nabla_{\partial_i}\partial_j = \Gamma_{ij}{}^k\partial_k \qquad (1.37)$$

が得られる．これは，基底ベクトル ∂_j を ∂_i 方向に動かしたときにどのくらい変わっていくかを表すベクトル場であると考えられる．

こうして定義される $\nabla: \mathcal{T} \times \mathcal{T} \to \mathcal{T}\ ((X, Y) \mapsto \nabla_X Y)$ は，$\forall X, Y, Z \in \mathcal{T}$ および $\forall f \in \mathcal{F}$（$S$ 上の C^∞ 級関数）に対し，次の性質を満たす．

(ⅰ)　$\nabla_{X+Y} Z = \nabla_X Z + \nabla_Y Z$

(ⅱ)　$\nabla_X (Y+Z) = \nabla_X Y + \nabla_X Z$

(ⅲ)　$\nabla_{fX} Y = f \nabla_X Y$

(ⅳ)　$\nabla_X (fY) = f \nabla_X Y + (Xf) Y$

ただし，Xf は $p \mapsto X_p f$ なる関数（$\in \mathcal{F}$）を表す．$\nabla_X Y$ は X については $\mathcal{F}$-線形であるが Y についてはそうでなく，したがって ∇ はテンソル場ではない．

実は，(ⅰ)-(ⅳ)をアファイン接続の定義とすることも可能である．すなわち，S 上のアファイン接続とは，(ⅰ)-(ⅳ)を満たす写像 $\nabla: \mathcal{T}(S) \times \mathcal{T}(S) \to \mathcal{T}(S)$ のことである，と定義してしまうのである．そして，座標系 $[\xi^i]$ に関する ∇ の接続係数 $\{\Gamma_{ij}{}^k\}$ を，(1.37)によって定まる n^3 個の関数として定義する．すると，(1.36)や(1.27)が(ⅰ)-(ⅳ)を用いて証明される．また，(1.30)-(1.35)の議論を逆にたどることによって，$\delta X(t)/\mathrm{d}t$ や Π_γ などの概念も ∇ から導くことができる．このやり方だと無限小概念もファイバー束も用いなくて済む．本書でも，しばしば「接続 ∇」という言い方を用いる．

§1.7　平坦性

X を S 上のベクトル場（$\in \mathcal{T}(S)$）とする．S 上の任意の曲線 γ に対し，$X_\gamma: t \mapsto X_{\gamma(t)}$ が（接続 ∇ に関して）γ 上で平行になるとき，X は（∇ に関して）S 上で**平行**であるという．このとき，点 p と点 q とを結ぶどんな曲線 γ を取っても $X_q = \Pi_\gamma(X_p)$ が成立する．$X = X^i \partial_i$ の平行性は次式と同値である．

$$\partial_i X^k + X^j \Gamma_{ij}{}^k = 0 \tag{1.38}$$

平行なベクトル場は一般には存在しない．

S の座標系 $[\xi^i]$ に対して，n 個の基底ベクトル場 $\partial_i = \dfrac{\partial}{\partial \xi^i}\ (i=1, \cdots, n)$ がすべて S 上で平行であったとしよう．このとき，$[\xi^i]$ を ∇ の**アファイン座標系** (affine coordinate system) と呼ぶ．この条件は $\nabla_{\partial_i} \partial_j = 0\ (\forall i, \forall j)$ と同値であ

り，また，$[\xi^i]$ に関する ∇ の接続係数 $\{\Gamma_{ij}{}^k\}$ がすべて恒等的に 0 になることとも同値である．

与えられた接続に対し，そのアファイン座標系は一般には存在しない．接続 ∇ のアファイン座標系が存在するとき，∇ は**平坦**(flat)であるという．∇ に関して S が平坦，という言い方もする．$[\xi^i]$ をアファイン座標系とすれば，別の任意の座標系 $[\rho^r]$ に関する接続係数 $\{\tilde{\Gamma}_{rs}{}^t\}$ は式 (1.27) より $\tilde{\Gamma}_{rs}{}^t = \dfrac{\partial^2 \xi^k}{\partial \rho^r \partial \rho^s} \dfrac{\partial \rho^t}{\partial \xi^k}$ と表される．したがって，$[\rho^r]$ もまたアファイン座標系になるための必要十分条件は $\dfrac{\partial^2 \xi^k}{\partial \rho^r \partial \rho^s} = 0$ となる．これは，$n \times n$ 行列 A および n 次元縦ベクトル B が存在して

$$\xi(p) = A\rho(p) + B \qquad (\forall p \in S) \tag{1.39}$$

と表されることと同値である ($\xi(p) = [\xi^i(p)]$, $\rho(p) = [\rho^r(p)]$)．式 (1.39) の形の変換を**アファイン変換**(affine transformation)という ($B = 0$ の場合は線形変換)．ここではさらに，変換は正則，すなわち一対一であり，A は正則行列になる．このような正則アファイン変換の全体は群を成し，これがアファイン座標系の自由度に対応する．

S に接続 ∇ が与えられているとき，ベクトル場 $X, Y, Z \in \mathcal{J}$ に対し

$$R(X, Y)Z \overset{\text{def}}{=} \nabla_X(\nabla_Y Z) - \nabla_Y(\nabla_X Z) - \nabla_{[X,Y]}Z \tag{1.40}$$

$$T(X, Y) \overset{\text{def}}{=} \nabla_X Y - \nabla_Y X - [X, Y] \tag{1.41}$$

とおくと，これらもベクトル場 ($\in \mathcal{J}$) になる．ただし，$[X, Y]$ は，$X = X^i \partial_i$, $Y = Y^i \partial_i$ に対し

$$[X, Y] = (X^j \partial_j Y^i - Y^j \partial_j X^i) \partial_i$$

と表されるベクトル場(これは座標系に依らず定まる)である．こうして定義される写像 $R: \mathcal{J} \times \mathcal{J} \times \mathcal{J} \to \mathcal{J}$ および $T: \mathcal{J} \times \mathcal{J} \to \mathcal{J}$ は，ともに $\mathcal{F}$-多重線形になる．したがって R は $(1,3)$，T は $(1,2)$ 型のテンソル場になる．R を ∇ の**Riemann-Christoffel 曲率テンソル(場)**または単に**曲率テンソル(場)** (curvature tensor)，T を ∇ の**捩率テンソル(場)**あるいは**ねじれ率テンソル(場)** (torsion tensor)と呼ぶ．座標系 $[\xi^i]$ に関する R, T の成分は

$$R(\partial_i, \partial_j)\partial_k = R_{ijk}{}^l \partial_l, \qquad T(\partial_i, \partial_j) = T_{ij}{}^k \partial_k \qquad \left(\partial_i = \frac{\partial}{\partial \xi^i}\right) \tag{1.42}$$

§1.7 平坦性 21

で定義され，次のように計算される．

$$R_{ijk}{}^l = \partial_i \Gamma_{jk}{}^l - \partial_j \Gamma_{ik}{}^l + \Gamma_{ih}{}^l \Gamma_{jk}{}^h - \Gamma_{jh}{}^l \Gamma_{ik}{}^h \tag{1.43}$$

$$T_{ij}{}^k = \Gamma_{ij}{}^k - \Gamma_{ji}{}^k \tag{1.44}$$

$[\xi^i]$ が ∇ のアフィン座標系ならば，明らかに $R_{ijk}{}^l=0$, $T_{ij}{}^k=0$ となる．このとき，テンソルとしての性質から別の任意の座標系についても R, T の成分はすべて 0 になる．すなわち，∇ が平坦ならば $R=0$, $T=0$ が成り立つ．逆に，$R=0$, $T=0$ が成り立つならば，次の意味で ∇ は局所的に平坦になることが知られている．すなわち，$\forall p \in S$ に対し p の近傍 U を適当にとれば，U 上で ∇ が平坦になる．

なお，一般に，$T=0$ (すなわち $\Gamma_{ij}{}^k=\Gamma_{ji}{}^k$) が成り立つとき，$\nabla$ は**対称接続**(symmetric connection)と呼ばれる．後章で扱う接続は，すべて対称接続である．しかし，情報幾何の構造に捩率を導入することは，量子力学(非可換確率論)やシステム理論とも関連して，将来の興味ある課題である．

接続が平坦ならば，平行移動は 2 点を結ぶ曲線の取り方に依らずに定まる．実際，アフィン座標系 $[\xi^i]$ に関する自然基底 $\partial_i = \frac{\partial}{\partial \xi^i}$ は平行ベクトル場を成すから，2 点 p, q を結ぶ任意の曲線 γ に対し $\Pi_\gamma((\partial_i)_p) = (\partial_i)_q$ が成り立つ．また，成分 X^i がすべて S 上で一定値を取るようなベクトル場 $X = X^i \partial_i$ は平行であり，$\Pi_\gamma(X_p) = X_q$ が成り立つ．

一般に，平行移動が曲線の取り方に依らなければ $R=0$ となり，また，単連結(任意の閉曲線が連続的に 1 点に収縮可能)な S についてはその逆も成り立つことが知られている[*2]．しかし，$R=0$, $T \neq 0$ となる接続も存在する．この場合には，平行移動は曲線の取り方に依らずに定まるが，アフィン座標系は存在しない．このような空間は Einstein が統一場理論を作る過程で導入したもので，遠隔平行性空間と呼ばれる．これは非 Riemann 塑性論で大きな役割を果たす．

式(1.43), (1.44)より，一般に $R_{ijk}{}^l = -R_{jik}{}^l$ および $T_{ij}{}^k = -T_{ji}{}^k$ が成り立つ．したがって特に S が 1 次元の場合には常に $R=0$, $T=0$ が成り立ち，S は平坦になることがわかる．

――――――――――

[*2] この場合を「平坦」と呼ぶ流儀もある．

§1.8 自己平行な部分多様体

S を n 次元多様体, M をその m 次元部分多様体とする. それらの座標系 $[\xi^i]$, $[u^a]$ を任意にとり, $\partial_i = \dfrac{\partial}{\partial \xi^i}$, $\partial_a = \dfrac{\partial}{\partial u^a}$ とおく. また, S にはアファイン接続 ∇ が与えられているとし, $[\xi^i]$ に関する ∇ の接続係数を $\{\varGamma_{ij}{}^k\}$ とおく. ここで, M 上の任意のベクトル場 $X = X^a \partial_a$, $Y = Y^a \partial_a \in \mathcal{T}(M)$ を取ると, 式 (1.34) と同様に, 「Y の X_p に沿った方向微分」$\nabla_{X_p} Y$ を考えることができる. ただし, $\nabla_{X_p} Y$ は, 一般には S の接ベクトル ($\in T_p(S)$) であり, 必ずしも M の接ベクトル ($\in T_p(M)$) にはなっていない. M の各点 p に対して, $\nabla_{X_p} Y \in T_p(S)$ を与える対応を $\nabla_X Y$ と表せば, $\partial_a = (\partial_a \xi^i) \partial_i$ などを用いて

$$\nabla_X Y = X^a (\partial_a Y^b) \partial_b + X^a Y^b \{ (\partial_a \xi^i)(\partial_b \xi^j) \varGamma_{ij}{}^k + \partial_a \partial_b \xi^k \} \partial_k \quad (1.45)$$

を得る. 特に, $X = \partial_a$, $Y = \partial_b$ とおけば

$$\nabla_{\partial_a} \partial_b = \{ (\partial_a \xi^i)(\partial_b \xi^j) \varGamma_{ij}{}^k + \partial_a \partial_b \xi^k \} \partial_k \quad (1.46)$$

となる. また, (1.45) は

$$\nabla_X Y = X^a (\partial_a Y^b) \partial_b + X^a Y^b \nabla_{\partial_a} \partial_b \quad (1.47)$$

と書ける.

上述のように, $X, Y \in \mathcal{T}(M)$ に対し, $(\nabla_X Y)_p = \nabla_{X_p} Y$ は $T_p(S)$ の要素ではあるが $T_p(M)$ に属するとは限らない. したがって, 一般には $\nabla_X Y \notin \mathcal{T}(M)$ である. しかし, もし

$$\forall X, \forall Y \in \mathcal{T}(M) \quad \text{に対し}, \quad \nabla_X Y \in \mathcal{T}(M) \quad (1.48)$$

が成り立つならば, ∇ は M 上の共変微分を定める. 実際この場合には, $\forall X$, $\forall Y, \forall Z \in \mathcal{T}(M)$ および $\forall f \in \mathcal{F}(M)$ に対して §1.6 の (i)-(iv) が成り立ち, ∇ は M 上のアファイン接続を与える. こうして定まる M 上のアファイン接続について, M 上の曲線 $\gamma : [a, b] \to M$ に沿った平行移動を $\varPi_\gamma^M : T_{\gamma(a)}(M) \to T_{\gamma(a)}(M)$ とおくと, これは S の接続によって定まる平行移動 $\varPi_\gamma : T_{\gamma(a)}(S) \to T_{\gamma(b)}(S)$ を M の接空間に制限したものに一致する. すなわち

$$\varPi_\gamma^M = \varPi_\gamma |_{T_{\gamma(a)}(M)} \quad (1.49)$$

である.

S の部分多様体 M に対して (1.48) が成り立つとき, M は ∇ に関して**自己平**

§1.8 自己平行な部分多様体   23

行(autoparallel)であるという．特に，S の任意の開集合は自己平行である．
(1.47)より，M が自己平行であるための必要十分条件は，$\forall a, \forall b$ に対して
$\nabla_{\partial_a}\partial_b \in \mathcal{T}(M)$ となることであり，これはまた

$$\nabla_{\partial_a}\partial_b = \Gamma_{ab}{}^c \partial_c \tag{1.50}$$

を満たす m^3 個の関数 $\{\Gamma_{ab}{}^c\}(\subset \mathcal{F}(M))$ が存在することと同値である．このと
き，$\{\Gamma_{ab}{}^c\}$ は $[u^a]$ に関する ∇ の接続係数になる．(1.46)より，(1.50)は次のよ
うに書ける．

$$\Gamma_{ab}{}^c \partial_c \xi^k = (\partial_a \xi^i)(\partial_b \xi^j) \Gamma_{ij}{}^k + \partial_a \partial_b \xi^k \tag{1.51}$$

1次元の自己平行部分多様体は，**自己平行曲線**あるいは**測地線**(geodesic)と
呼ばれる．曲線 $\gamma : t \mapsto \gamma(t)$ に対する(1.50)の条件は，(1.35)より

$$\frac{\delta}{dt}\frac{d\gamma}{dt} = \Gamma(t)\frac{d\gamma}{dt} \tag{1.52}$$

と表される．ここで $\Gamma : t \mapsto \Gamma(t)$ はある C^∞ 級関数である．§1.7で述べたよう
に，1次元多様体上の接続は必ず平坦になるから，(1.52)において t を適当に
一対一変換(パラメータ変換)することによって，$\Gamma(t) \equiv 0$ が成り立つようにで
きるはずである．このような t を γ の**アフィンパラメータ**と呼ぶ．この場合
に(1.52)は

$$\frac{\delta}{dt}\frac{d\gamma}{dt} = 0 \tag{1.53}$$

となって，$d\gamma/dt$ が γ に沿って平行であることを意味する．(1.53)を測地線の
定義とすることもある．座標系 $[\xi^i]$ に関する γ の成分表示 $\gamma^i = \xi^i \circ \gamma$ を用いて
(1.53)を書き直すと次のようになる．

$$\ddot{\gamma}^k(t) + \dot{\gamma}^i(t)\,\dot{\gamma}^j(t)\,(\Gamma_{ij}{}^k)_{\gamma(t)} = 0 \tag{1.54}$$

M を S の自己平行部分多様体とする．このときに，S の捩率テンソルが0
ならば，M の捩率テンソルも0になる．これは(1.44)，(1.51)より明らかであ
る．また，曲率テンソルについても同様のことが成り立つ．これは，(1.43)，(1.
51)を用いて計算で示すこともできるが，平行移動に関する考察から直ちにわ
かる．すなわち(1.49)より，S における平行移動が2点を結ぶ曲線の取り方に
依らずに定まるならば，M においても同様である．

S が ∇ に関して平坦である場合を考える．このとき，上記の考察より S の

自己平行部分多様体も平坦になる．したがって，S の部分多様体 M が自己平行になるための条件式(1.51)において，$[\xi^i]$，$[u^a]$ ともにアファイン座標系であると仮定しても一般性を失わない．このとき，(1.51)は $\partial_a\partial_b\xi^k=0$ となる．この条件は，$n \times m$ 行列 A および n 次元縦ベクトル B が存在して

$$\xi(p) = Au(p)+B \qquad (\forall p \in M) \tag{1.55}$$

と表されることと同値である（$\xi(p)=[\xi^i(p)]$，$u(p)=[u^a(p)]$）．一般に，$\{Au+B \mid u \in \mathbf{R}^m\}$ の形に表される $\mathbf{R}^n$ の部分集合を，$\mathbf{R}^n$ の**アファイン部分空間**という（$B=0$ の場合は線形部分空間）．以上をまとめて次の定理を得る．

定理1.1 S が平坦な場合，部分多様体 M が自己平行になるための必要十分条件は，S のアファイン座標系において M がアファイン部分空間（あるいはその開部分集合）として表されることである．特に，測地線はアファイン座標系における1次式（直線あるいはその一部）として表される．また，自己平行な M は平坦になる． $\square$

§1.9 接続の射影と埋め込み曲率

S の部分多様体 M が，S 上の接続 ∇ に関して自己平行でないときは，∇ から M 上の接続が自然には定まらない．しかし，M の各点 p において $T_p(S)$ からその部分空間 $T_p(M)$ への射影 π_p が与えられている場合には，これを用いて M の接続を定めることができる．すなわち，π_p は $T_p(S) \to T_p(M)$ なる線形写像で $\forall D \in T_p(M)$ に対して $\pi_p(D)=D$ を満たすものであるとし，また対応 $p \mapsto \pi_p$ は C^∞ 級であるとする．このとき，$\forall X, \forall Y \in \mathcal{J}(M)$ に対し $\nabla_X^{(\pi)}Y \in \mathcal{J}(M)$ を

$$(\nabla_X^{(\pi)}Y)_p = \pi_p((\nabla_X Y)_p) \qquad (\forall p \in M) \tag{1.56}$$

で定めれば，$\nabla^{(\pi)}$ は M 上の接続になる．特に S 上に Riemann 計量 $g=\langle\ ,\ \rangle$ が与えられている場合には，π_p として g によって定まる正射影をとることができる．これは $\forall D \in T_p(S)$，$\forall D' \in T_p(M)$ に対し

$$\langle \pi_p(D), D' \rangle_p = \langle D, D' \rangle_p \tag{1.57}$$

を満たすものとして定義される．この場合の $\nabla^{(\pi)}$ を，g による ∇ の M への**射影**（projection）と呼ぶことにする．

§1.9 接続の射影と埋め込み曲率

S の座標系 $[\xi^i]$ が与えられると，∇ の接続係数 $\{\Gamma_{ij}{}^k\}$ が式(1.37)によって定まる．S に Riemann 計量が与えられている場合には，さらに

$$\Gamma_{ij,k} \overset{\text{def}}{=} \langle \nabla_{\partial_i}\partial_j, \partial_k \rangle = \Gamma_{ij}{}^h g_{hk} \tag{1.58}$$

によって n^3 個の関数 $\{\Gamma_{ij,k}\}$ が定義される．$\{\Gamma_{ij,k}\}$ は $\{\Gamma_{ij}{}^k\}$ と同様に ∇ の座標表現の一種と考えられる．S の別の座標系 $[\rho^r]$ に関する表現は次のようになる $\left(\tilde{\partial}_r \overset{\text{def}}{=} \dfrac{\partial}{\partial \rho^r}\right)$.

$$\tilde{\Gamma}_{rs,t} \overset{\text{def}}{=} \langle \nabla_{\tilde{\partial}_r}\tilde{\partial}_s, \tilde{\partial}_t \rangle = \left(\frac{\partial \xi^i}{\partial \rho^r}\frac{\partial \xi^j}{\partial \rho^s}\Gamma_{ij,k} + \frac{\partial^2 \xi^h}{\partial \rho^r \partial \rho^s}g_{hk} \right)\frac{\partial \xi^k}{\partial \rho^t} \tag{1.59}$$

∇ の M への射影 $\nabla^{(\pi)}$ についても，M の座標系 $[u^a]$ を与えれば，$\Gamma_{ab,c}^{(\pi)} \overset{\text{def}}{=} \langle \nabla_{\partial_a}^{(\pi)}\partial_b, \partial_c \rangle \left(\partial_a \overset{\text{def}}{=} \dfrac{\partial}{\partial u^a}\right)$ が定義される．これは(1.56)，(1.57)，(1.46)より

$$\Gamma_{ab,c}^{(\pi)} = \langle \nabla_{\partial_a}\partial_b, \partial_c \rangle = \{(\partial_a \xi^i)(\partial_b \xi^j)\Gamma_{ij,k} + (\partial_a \partial_b \xi^j)g_{jk}\}(\partial_c \xi^k) \tag{1.60}$$

と書ける．これより，∇ が対称ならば $\nabla^{(\pi)}$ も対称になることがわかる．

ここで，$\forall X, \forall Y \in \mathcal{T}(M)$ に対し

$$H(X, Y) \overset{\text{def}}{=} \nabla_X Y - \nabla_X^{(\pi)} Y \tag{1.61}$$

とおく．$\forall p \in M$ において，$(H(X, Y))_p = (\nabla_X Y)_p - \pi_p((\nabla_X Y)_p)$ は $(\nabla_X Y)_p$ を $T_p(M)$ の直交補空間 $[T_p(M)]^\perp$ へ正射影したものである．このとき，M の自己平行性(1.48)は，$\forall X, \forall Y \in \mathcal{T}(M)$ に対し $H(X, Y) = 0$ となること，すなわち $H = 0$ と同値になる．一般に，H は M の「非自己平行性」あるいは S の中での「曲がり具合」を表すひとつの尺度と考えられる．また，$H(X, Y)$ は X と Y のそれぞれについて $\mathcal{F}(M)$-線形(すなわち $\mathcal{F}(M)$-二重線形)になるので，H は M 上のテンソル場の「一種」と考えることができる．このような H を，S の部分多様体 M の(∇ に関する)**埋め込み曲率**(embedding curvature)と呼ぶ．

多様体 M 自体は接続 $\nabla^{(\pi)}$ を持つから，ここから Riemann-Christoffel 曲率 $R^{(\pi)}$ を計算することができる．$R^{(\pi)}$ は M 自体の「内在的な曲がり具合」を表現するのに対して，埋め込み曲率 H は，M が S の中でどのように曲って配置されているかを表す．§1.8 で述べたように，S の Riemann-Christoffel 曲率 R が 0 だとすると，$H = 0$ (すなわち M は自己平行)ならば $R^{(\pi)} = 0$ となる．しかし，$R^{(\pi)} = 0$ であっても必ずしも $H = 0$ とは限らない．例えば，3 次元 Euclid

26 第1章 微分幾何の基礎知識

空間 S に埋め込まれたシリンダー(円筒)面 M は,その表面の2次元幾何は Euclid 的で $R^{(\pi)}=0$ である.しかし,3次元空間 S の中では曲がっていて,H は0ではない.この二つの曲率は違う概念として区別して考える必要がある.

M の各点 p において,$T_p(M)$ の基底 $\{(\partial_a)_p ; 1 \le a \le m\}$ $(m=\dim M)$ とともに $[T_p(M)]^\perp$ の基底 $\{(\partial_\kappa)_p ; m+1 \le \kappa \le n\}$ $(n=\dim S)$ が与えられれば,

$$H_{ab\kappa} \overset{\text{def}}{=} \langle H(\partial_a, \partial_b), \partial_\kappa \rangle = \langle \nabla_{\partial_a}\partial_b, \partial_\kappa \rangle \qquad (1.62)$$

によって $m^2(n-m)$ 個の関数 $\{H_{ab\kappa}\}$ が定義される.H のテンソルとしての性質から,$H=0 \Leftrightarrow H_{ab\kappa}=0$ $(\forall a, \forall b, \forall \kappa)$ が成り立つ.

§1.10 Riemann 接続

Riemann 多様体 $(S, g=\langle\,,\,\rangle)$ 上のアファイン接続 ∇ が,任意のベクトル場 $X, Y, Z \in \mathcal{T}(S)$ に対し

$$Z\langle X, Y \rangle = \langle \nabla_Z X, Y \rangle + \langle X, \nabla_Z Y \rangle \qquad (1.63)$$

を満たすとき,∇ は(g に関して)**計量的**であるという.g, ∇ の座標表現を用いればこの条件は次のように表される.

$$\partial_k g_{ij} = \Gamma_{ki,j} + \Gamma_{kj,i} \qquad (1.64)$$

計量接続は,平行移動に際して二つのベクトルの内積を一定の値に保つことを示そう.S 上の任意の曲線 $\gamma : t \mapsto \gamma(t)$ および γ に沿った任意のベクトル場 X, Y をとる.∇ に関する X, Y の共変微分を $\delta X/dt, \delta Y/dt$ とおけば,式 (1.63) のもとで

$$\frac{\mathrm{d}}{\mathrm{d}t}\langle X(t), Y(t) \rangle = \left\langle \frac{\delta X(t)}{\mathrm{d}t}, Y(t) \right\rangle + \left\langle X(t), \frac{\delta Y(t)}{\mathrm{d}t} \right\rangle \qquad (1.65)$$

が成り立つ.ここでもし X, Y がともに γ 上で平行(すなわち $\delta X/dt = \delta Y/dt = 0$)ならば,上式の右辺は0となるから,$\langle X(t), Y(t) \rangle$ は t に依らず一定になる.これより γ に沿った平行移動 Π_γ は内積を保存する計量同型写像になる.すなわち,γ の始点,終点をそれぞれ p, q とおき,二つの接ベクトル $D_1, D_2 \in T_p$ を任意に取れば,

$$\langle \Pi_\gamma(D_1), \Pi_\gamma(D_2) \rangle_q = \langle D_1, D_2 \rangle_p \qquad (1.66)$$

§1.10 Riemann 接続　　27

が成り立つ.

　計量的でかつ対称な接続を(g に関する) **Riemann 接続**(Riemannian connection)または **Levi-Civita 接続**と呼ぶ. これは与えられた g に対して一意的に存在する. 実際, (1.64)に加えて $\Gamma_{ij,k}=\Gamma_{ji,k}$ を要請すれば

$$\Gamma_{ij,k} = \frac{1}{2}(\partial_i g_{jk} + \partial_j g_{ki} - \partial_k g_{ij}) \tag{1.67}$$

と定まる.

　Riemann 接続 ∇ に関する測地線は(局所的に) 2 点を結ぶ最短曲線(長さは(1.23)で測る)に一致することが知られている. また, ∇ が平坦でアファイン座標系 $[\xi^i]$ が存在する場合を考えると, $\partial_i = \frac{\partial}{\partial \xi^i}$ は S 上で平行だから, $\langle \partial_i, \partial_j \rangle$ は S 上で一定値をとる. アファイン座標系の自由度(1.39)により, 特に

$$\langle \partial_i, \partial_j \rangle = \delta_{ij} \tag{1.68}$$

を満たすアファイン座標系が存在する. 上式を満たす座標系は(g に関する)**Euclid 座標系**と呼ばれる. Riemann 接続の平坦性は Euclid 座標系の存在と同値である.

　微分幾何の多くの教科書では, Riemann 多様体には Riemann 接続のみを導入している. まして, 非計量的な接続については論じていない. しかし, 確率分布族を多様体として考察すると, そこに自然に導入される接続は非計量的である(§2.3参照). これは第3章で述べるように, 双対接続という新しい考えを導く.

第 2 章

統計的モデルの幾何学的構造

　情報幾何は，統計的推定に関する幾何学的考察から始まった．そこでは，確率分布を要素とする集合である統計的モデルを多様体とみなし，その幾何学的構造とそのモデルを用いた統計的推定との関係が議論される．本章では，統計的モデルの成す多様体上にある種の Riemann 計量とアファイン接続が自然に導入されることを示し，その基本的性質を調べる．

§2.1　統計的モデル

　本書では，集合 $\mathcal{X}$ 上の**確率分布**(probability distribution)を，次のように $\mathcal{X}$ 上の関数として表現する．まず $\mathcal{X}$ が離散集合(有限集合または可算無限集合)の場合，$\mathcal{X}$ 上の確率分布とは

$$p(x) \geqq 0 \ (\forall x \in \mathcal{X}) \quad \text{かつ} \quad \sum_{x \in \mathcal{X}} p(x) = 1 \qquad (2.1)$$

を満たす関数 $p: \mathcal{X} \to \mathbf{R}$ のこと(確率関数と呼ばれることもある)であるとする．また，$\mathcal{X} = \mathbf{R}^n$ の場合には

$$p(x) \geqq 0 \ (\forall x \in \mathcal{X}) \quad \text{かつ} \quad \int p(x)\mathrm{d}x = 1 \qquad (2.2)$$

を満たす関数 $p: \mathcal{X} \to \mathbf{R}$，すなわち $\mathcal{X}$ 上の確率密度関数のことであると定義する．ここで積分範囲は $\mathcal{X}$ 全体であるとし，また $n \geqq 2$ の場合には多重積分を考えるものとする．少し数学的な話をしておくと，一般に，集合 $\mathcal{X}$ と，その部分集合から成る完全加法族 $\mathcal{B}$ および $(\mathcal{X}, \mathcal{B})$ 上の σ-有限な測度 ν が与えられた

として，ν に関して絶対連続な $(\mathcal{X}, \mathcal{B})$ 上の確率測度 P の ν に関する密度関数 $p = \mathrm{d}P/\mathrm{d}\nu : \mathcal{X} \to \mathbf{R}$ を考えるのである（Radon-Nikodym の導関数）．

以下では，応用上とくに重要な (2.1)，(2.2) の場合を主に想定して話をすすめるが，ほとんどの議論は一般の $(\mathcal{X}, \mathcal{B}, \nu)$ についてもそのまま成り立つ．なお，(2.1)，(2.2) を統一的に扱う場合には，(2.2) の書き方（積分）で表すことにする．積分 $\int \cdots \mathrm{d}x$ を和 $\sum_{x \in \mathcal{X}} \cdots$ で置き換えれば，離散集合の場合の結果が直ちに導かれる．

$\mathcal{X}$ 上の確率分布の族 S を考える．S の各要素である確率分布が n 個の実パラメータ $[\xi^1, \cdots, \xi^n]$ を用いて次の形に書けるとき，S を $\mathcal{X}$ 上の n 次元**統計的モデル**(statistical model)，パラメトリックモデル(parametric model)，あるいは単に**モデル**と呼ぶ．

$$S = \{ p_\xi = p(x\,;\xi) \mid \xi = [\xi^1, \cdots, \xi^n] \in \varXi \} \tag{2.3}$$

ただし，$\varXi$ は $\mathbf{R}^n$ の部分集合で，対応 $\xi \mapsto p_\xi$ は一対一（単射）であるとする．(2.3) をしばしば $S = \{p_\xi\}$ と略記する．また $p_\xi(x) = p(x\,;\xi)$ や $S = \{p(x\,;\xi)\}$ などの表記も用いる．「統計的モデル $S = \{p_\xi\}$」という場合，単に集合としての S を意味する場合と，パラメータに意味を持たせ，その対応づけまで含めて $\xi \mapsto p_\xi$ を意味する場合とがあり，ときに応じて使い分ける．

観測された実現データ $x_1, \cdots, x_N$ をもとにその基礎にある確率分布を推定する「統計的推定」を行う場合，推定すべき未知の確率分布の候補としてしばしば統計的モデル S を設定する．統計的推定では多くの場合，観測データの背後にある確率分布 p^* の存在を想定し，データは p^* に従う確率変数の実現値と考える．この p^* を**真の分布**と呼ぶ．p^* は未知であるが，データに関するさまざまな事前の知識から，p^* の「形」を規定できる場合がある．この「形」には通常，いくつかの自由パラメータが含まれていて，それらの値を指定することによって確率分布が定まる．これを一般的に表したのが (2.3) である．

ここで統計的モデル $S = \{p_\xi \mid \xi \in \varXi\}$ についていくつかの仮定をおく．まずパラメータ ξ に関する微分演算が自由にできるように，$\varXi$ は $\mathbf{R}^n$ の開集合であり，$\forall x \in \mathcal{X}$ に対し，関数 $\xi \mapsto p(x\,;\xi)$ $(\varXi \to \mathbf{R})$ は C^∞ 級であると仮定する．このとき $\partial_i p(x\,;\xi)$, $\partial_i \partial_j p(x\,;\xi)$ などが定義できる $\left(\partial_i \overset{\text{def}}{=} \dfrac{\partial}{\partial \xi^i} \right)$．また，微分と積分の順序は適当に交換できるものとする．例えば

$$\int \partial_i p(x\,;\xi)\,\mathrm{d}x = \partial_i \int p(x\,;\xi)\,\mathrm{d}x = \partial_i 1 = 0 \tag{2.4}$$

のような等式をしばしば用いる.

$\mathcal{X}$ 上の確率分布 p に対し,$\mathrm{supp}(p) \overset{\mathrm{def}}{=} \{x \mid p(x) > 0\}$($p$ の台,support)とおく.$\mathrm{supp}(p_\xi)$ が ξ の値によって変わるようなモデルでは理論的にいろいろ難しい問題が生じるので,以下では $\mathrm{supp}(p_\xi)$ が ξ に依らず一定である場合のみを扱う.これは,$\mathrm{supp}(p_\xi)$ をあらためて $\mathcal{X}$ とおき直せば,$\forall \xi \in \varXi$,$\forall x \in \mathcal{X}$ に対し $p(x\,;\xi) > 0$ を仮定することに相当する.すなわち,S は次の集合の部分集合であると仮定する.

$$\mathcal{P}(\mathcal{X}) \overset{\mathrm{def}}{=} \left\{ p: \mathcal{X} \to \mathbf{R} \mid p(x) > 0\ (\forall x \in \mathcal{X}),\ \int p(x)\,\mathrm{d}x = 1 \right\} \tag{2.5}$$

統計的モデルの例として,代表的なものをいくつか挙げておく.

例 2.1(正規分布)

$$\mathcal{X} = \mathbf{R}, \quad n = 2, \quad \xi = [\mu, \sigma], \quad \varXi = \{[\mu, \sigma] \mid -\infty < \mu < \infty, 0 < \sigma < \infty\}$$

$$p(x\,;\xi) = \frac{1}{\sqrt{2\pi}\,\sigma} \exp\left\{ -\frac{(x-\mu)^2}{2\sigma^2} \right\} \qquad \Box$$

例 2.2(Poisson 分布)

$$\mathcal{X} = \{0, 1, 2, \cdots\}, \quad n = 1, \quad \varXi = \{\xi \mid \xi > 0\}$$

$$p(x\,;\xi) = \mathrm{e}^{-\xi} \frac{\xi^x}{x!} \qquad \Box$$

例 2.3($\mathcal{X}$ が有限集合の場合の $\mathcal{P}(\mathcal{X})$)

$$\mathcal{X} = \{x_0, x_1, \cdots, x_n\}, \quad \varXi = \left\{ [\xi^1, \cdots, \xi^n] \,\middle|\, \xi^i > 0\ (\forall i),\ \sum_{i=1}^{n} \xi^i < 1 \right\}$$

$$p(x_i\,;\xi) = \begin{cases} \xi^i & (1 \leq i \leq n) \\ 1 - \sum_{i=1}^{n} \xi^i & (i = 0) \end{cases} \qquad \Box$$

統計的モデル $S = \{p_\xi \mid \xi \in \varXi\}$ に対し,$\varphi(p_\xi) = \xi$ という写像 $\varphi: S \to \mathbf{R}^n$ を考えれば,$\varphi = [\xi^i]$ は S の一つの座標系とみなせる.さらに,$\varXi$ から $\mathbf{R}^n$ の開集合 $\psi(\varXi)$ への C^∞ 級同型写像 ψ が与えられたとしよう.すなわち,ψ は一対一で ψ, ψ^{-1} がともに C^∞ 級であるとする.このとき,ξ の代わりに $\rho = \psi(\xi)$ をパラメータとすれば $S = \{p_{\psi^{-1}(\rho)} \mid \rho \in \psi(\varXi)\}$ と表される.これは,確率分布の集合の表現としては $S = \{p_\xi\}$ とまったく同等である.

32　　第 2 章　統計的モデルの幾何学的構造

このように互いに C^∞ 級同型写像で変換されるようなパラメータをすべて同等であると考えるとき，それは S を C^∞ 級微分可能多様体とみなしていることになる．この場合，パラメータとは S の座標系のことに他ならない．なお，以下ではしばしば分布 p_ξ と ξ を同一視し，「点 ξ」，「接空間 $T_\xi(S)$」という言い方をする．

§2.2　Fisher 情報行列と Riemann 計量

$S = \{p_\xi \mid \xi \in \varXi\}$ を n 次元統計的モデルとする．与えられた点 $\xi\,(\in \varXi)$ における S の **Fisher 情報行列**（Fisher information matrix）とは，次式で定義される $g_{ij}(\xi)$ を (i, j) 成分とする $n \times n$ 行列 $G(\xi) = [g_{ij}(\xi)]$ のことをいう．特に，$n = 1$ の場合には **Fisher 情報量**と呼ぶ．

$$g_{ij}(\xi) \stackrel{\text{def}}{=} E_\xi[\partial_i l_\xi \; \partial_j l_\xi] = \int \partial_i l(x\,;\xi)\,\partial_j l(x\,;\xi)\,p(x\,;\xi)\,\mathrm{d}x \quad (2.6)$$

ただし

$$l_\xi(x) = l(x\,;\xi) = \log p(x\,;\xi), \quad \partial_i = \frac{\partial}{\partial \xi^i} \quad (2.7)$$

（log は自然対数）であり，また E_ξ は分布 p_ξ による期待値 $E_\xi[f] \stackrel{\text{def}}{=} \int f(x)\,p(x\,;\xi)\,\mathrm{d}x$ を表す．モデルによっては積分 (2.6) が発散することもあるが，以下では，$\forall \xi, \forall i, \forall j$ に対し $g_{ij}(\xi)$ は有限であり，かつ $g_{ij}: \varXi \to \mathbf{R}$ は C^∞ 級であると仮定する．なお，g_{ij} は次のように表すこともできる．

$$g_{ij}(\xi) = -E_\xi[\partial_i \partial_j l_\xi] \quad (2.8)$$

これは，(2.4) を

$$E_\xi[\partial_i l_\xi] = 0 \quad (2.9)$$

と書き直し，その両辺に ∂_j を施すことによって導かれる．

$G(\xi)$ は対称行列（$g_{ij}(\xi) = g_{ji}(\xi)$）であり，かつ任意の n 次元縦ベクトル $c = [c^1, \cdots, c^n]^\mathrm{T}$（$^\mathrm{T}$ は転置）に対し次が成り立つので非負定値である．

$$c^\mathrm{T} G(\xi)\,c = c^i c^j g_{ij}(\xi) = \int \Big\{ \sum_{i=1}^{n} c^i \partial_i l(x\,;\xi) \Big\}^2 p(x\,;\xi)\,\mathrm{d}x \geqq 0 \quad (2.10)$$

ここでさらに $G(\xi)$ は正定値であると仮定する．これは上式より，$\{\partial_1 l_\xi, \cdots, \partial_n l_\xi\}$ が $\mathcal{X}$ 上の関数として一次独立であることと同値であり，また $\{\partial_1 p_\xi, \cdots,$

§2.3 α-接続　　33

$\partial_n p_\xi\}$ の一次独立性とも同値である.

　$\mathcal{X}$ を有限集合とすると, 前節の例2.3で示したように, $\mathcal{P}(\mathcal{X})$ 自体が一つの統計的モデルとみなせ, $|\mathcal{X}|-1$ 次元多様体になる ($|\mathcal{X}|$ は $\mathcal{X}$ の要素数). この場合, $\mathcal{X}$ 上のモデル S に関してこれまでに設定してきた種々の仮定は,「S は $\mathcal{P}(\mathcal{X})$ の部分多様体である」ということで表現できる. $\mathcal{X}$ が無限集合の場合には, $\mathcal{P}(\mathcal{X})$ は多様体とみなせないのでこのような言い方はできないが, 直観的には同じようなことが成り立つと考えられる.

　さて, 上記の仮定が成り立つときに, 座標系 $[\xi^i]$ の自然基底の内積を $g_{ij}=\langle \partial_i, \partial_j \rangle$ によって定義する. これにより S 上に Riemann 計量 $g=\langle\ ,\ \rangle$ が一意に定まる. これを **Fisher 計量**(Fisher metric), または**情報計量**(information metric)と呼ぶ. 座標変換に対して, g_{ij} は(1.20)と同じ変換式に従うから, Fisher 計量の定義は座標系 $[\xi^i]$ の取り方には依らない. 任意の接ベクトル D, $D' \in T_\xi(S)$ に対し $\langle D, D' \rangle_\xi = E_\xi[(Dl)(D'l)]$ と書ける.

　§4.1でも述べるように, G_ξ^{-1} はパラメータ ξ の値をデータから推定する問題において真値のまわりに推定値がどの程度ばらつくかを表す共分散行列の下限という意味を持つ(Cramér-Rao の不等式). すなわち, 真の分布(未知)が p_ξ のとき, G_ξ^{-1} が小さい(G_ξ が大きい)ほど推定精度は良くなる. パラメータ ξ の値をデータから精度良く推定できるということは, ξ を変化させたときにデータの「傾向」(すなわち p_ξ)が大きく変化することを意味する. その変化の大きさを幾何学的な計量として表現したものが Fisher 計量である.

§2.3　α-接続

　n 次元モデル $S=\{p_\xi\}$ において, 各点 ξ に対して次の量を対応させる関数 $\Gamma_{ij,k}^{(\alpha)}$ を考える.

$$(\Gamma_{ij,k}^{(\alpha)})_\xi \stackrel{\text{def}}{=} E_\xi\left[\left(\partial_i\partial_j l_\xi + \frac{1-\alpha}{2}\partial_i l_\xi \partial_j l_\xi\right)(\partial_k l_\xi)\right] \qquad (2.11)$$

ただし α は任意の実数である. こうして定義される n^3 個の関数 $\{\Gamma_{ij,k}^{(\alpha)}\}$ は, 座標変換のもとで(1.59)と同じ変換式に従うので,

$$\langle \nabla_{\partial_i}^{(\alpha)} \partial_j, \partial_k \rangle = \Gamma_{ij,k}^{(\alpha)} \qquad (2.12)$$

によって S 上のアファイン接続 $\nabla^{(\alpha)}$ が定まる。ただし $g=\langle\ ,\ \rangle$ は Fisher 計量である。この $\nabla^{(\alpha)}$ を **α-接続**(α-connection)と呼ぶ。これは明らかに対称接続である。α-接続と β-接続の関係は

$$\Gamma_{ij,k}^{(\beta)} = \Gamma_{ij,k}^{(\alpha)} + \frac{\alpha-\beta}{2} T_{ijk}$$

と表される。ここで T_{ijk} は

$$(T_{ijk})_\xi \overset{\text{def}}{=} E_\xi[\partial_i l_\xi\ \partial_j l_\xi\ \partial_k l_\xi]$$

で定義され、3 階共変対称テンソルの成分を成す。(捩率テンソル $T_{ij}{}^k = \Gamma_{ij}{}^k - \Gamma_{ji}{}^k$ とはまったく別物であることに注意。)また S の任意の部分多様体 M に対し、M 上の α-接続は S 上の α-接続の g による射影になっている。

いくつかの α の値について $\nabla^{(\alpha)}$ の性質を見ておこう。まず、g_{ij} の定義式 (2.6) の両辺を ξ^k で偏微分すると

$$\partial_k g_{ij} = E_\xi[(\partial_k\partial_i l_\xi)(\partial_j l_\xi)] + E_\xi[(\partial_i l_\xi)(\partial_k\partial_j l_\xi)] + E_\xi[(\partial_i l_\xi)(\partial_j l_\xi)(\partial_k l_\xi)]$$
$$= \Gamma_{ki,j}^{(0)} + \Gamma_{kj,i}^{(0)} \tag{2.13}$$

となるので、$\nabla^{(0)}$ は計量的であり、Fisher 計量に関する Riemann 接続になる。$\alpha \neq 0$ ならば $\nabla^{(\alpha)}$ は一般に計量的にはならない。

次に、$\alpha=1$ の場合について考える。一般に n 次元モデル $S=\{p_\theta \mid \theta \in \Theta\}$ が $\mathcal{X}$ 上の関数 $\{C, F_1, \cdots, F_n\}$ および Θ 上の関数 ψ を用いて

$$p(x;\theta) = \exp\Big[C(x) + \sum_{i=1}^n \theta^i F_i(x) - \psi(\theta)\Big] \tag{2.14}$$

という形に書けるとき、S を**指数型分布族**(exponential family)といい、$[\theta^i]$ をその**自然パラメータ**(natural parameters)または**正準パラメータ**(canonical parameters)と呼ぶ。規格化条件 $\int p(x;\theta)\mathrm{d}x = 1$ より

$$\psi(\theta) = \log \int \exp\Big[C(x) + \sum_{i=1}^n \theta^i F_i(x)\Big] \mathrm{d}x \tag{2.15}$$

が成り立つ。実は、§2.1 で挙げたモデルの例はすべて指数型分布族である。

例 2.4(例 2.1：正規分布)

$$C(x) = 0, \quad F_1(x) = x, \quad F_2(x) = x^2, \quad \theta^1 = \frac{\mu}{\sigma^2}, \quad \theta^2 = -\frac{1}{2\sigma^2}$$

$$\psi(\theta) = \frac{\mu^2}{2\sigma^2} + \log(\sqrt{2\pi}\,\sigma) = -\frac{(\theta^1)^2}{4\theta^2} + \frac{1}{2}\log\Big(-\frac{\pi}{\theta^2}\Big)$$ □

§2.3 α-接続　　35

例 2.5(例 2.2：Poisson 分布)

$$C(x) = -\log x!, \quad F(x) = x$$
$$\theta = \log \xi, \quad \psi(\theta) = \xi = \exp \theta \qquad \qquad \square$$

例 2.6(例 2.3：$\mathcal{X}$ が有限集合の場合の $\mathcal{P}(\mathcal{X})$)

$$C(x) = 0, \quad F_i(x) = \begin{cases} 1 & (x = x_i) \\ 0 & (x \neq x_i) \end{cases}$$

$$\theta^i = \log \frac{p(x_i)}{p(x_0)} = \log \frac{\xi^i}{1 - \sum\limits_{j=1}^{n} \xi^j}$$

$$\psi(\theta) = -\log p(0) = -\log\Big(1 - \sum_{i=1}^{n} \xi^i\Big) = \log\Big(1 + \sum_{i=1}^{n} \exp \theta^i\Big) \qquad \square$$

指数型分布族(2.14)について，$\partial_i = \dfrac{\partial}{\partial \theta^i}$ とおくと

$$\partial_i l(x ; \theta) = F_i(x) - \partial_i \psi(\theta) \qquad (2.16)$$
$$\partial_i \partial_j l(x ; \theta) = -\partial_i \partial_j \psi(\theta) \qquad (2.17)$$

が成り立つ．よって，$\Gamma_{ij,k}^{(1)} = -\partial_i \partial_j \psi(\theta) E_\theta[\partial_k l_\theta]$ と書くことができて，これは (2.9) より 0 となる．すなわち，$[\theta^i]$ は $\nabla^{(1)}$-アファイン座標系であり，S は $\nabla^{(1)}$-平坦であることがわかる．そこで $\nabla^{(1)}$ を**指数型接続**(exponential connection)あるいは **e-接続** と呼び，$\nabla^{(1)} = \nabla^{(e)}$ などと表すことにする．

また，n 次元モデル $S = \{p_\theta\}$ が $n+1$ 個の確率分布 $\{p_0, p_1, \cdots, p_n\}$ の混合分布

$$p(x ; \theta) = \sum_{i=1}^{n} \theta^i p_i(x) + \Big(1 - \sum_{i=1}^{n} \theta^i\Big) p_0(x) \qquad (2.18)$$

として表されるとき，S を**混合型分布族**(mixture family)と呼ぶ．上記の例 2.6 の $\mathcal{P}(\{x_0, \cdots, x_n\})$ は，$p_i(x_i) = 1$ であるような分布 $\{p_0, \cdots, p_n\}$ を用いて上式のように表される．一般に混合型分布族(2.18)では

$$\partial_i l(x ; \theta) = \{p_i(x) - p_0(x)\}/p(x ; \theta) \qquad (2.19)$$
$$\partial_i \partial_j l(x ; \theta) = -\{p_i(x) - p_0(x)\}\{p_j(x) - p_0(x)\}/\{p(x ; \theta)\}^2 \qquad (2.20)$$

より $\partial_i \partial_j l + \partial_i l \partial_j l = 0$ が成り立つので $\Gamma_{ij,k}^{(-1)} = 0$ となる．すなわち，$[\theta^i]$ は $\nabla^{(-1)}$-アファイン座標系であり，S は $\nabla^{(-1)}$-平坦であることがわかる．そこで $\nabla^{(-1)}$ を**混合型接続**(mixture connection)あるいは **m-接続** と呼び，$\nabla^{(-1)} = \nabla^{(m)}$ などと表す．

§1.5 および §1.6 で述べたように，一つの多様体上には無数の Riemann 計

36   第2章 統計的モデルの幾何学的構造

量と無数のアフィン接続が定義できる．もちろん統計的モデルの成す多様体についても事情は同じである．したがって，これまでに導入した Fisher 計量と α-接続は，これら無数の計量と接続のほんの一例に過ぎない．そうだとすると，Fisher 計量や α-接続を導入することには，何の必然性も無いことにならないだろうか．そうではない．統計的モデル S には，単なる多様体としての構造の他に，「各点が確率分布を表す」という特殊性がある．この特殊性を考慮にいれると，ある種の自然な条件を満たす構造として，Fisher 計量と α-接続を特徴づけることができる．以下にこのことを示そう．そのための準備として十分統計量について述べる．

　$\mathcal{X}$ 上のモデル $S=\{p(x\,;\xi)\}$ および写像 $F:\mathcal{X}\to\mathcal{Y}$ が与えられたとする．すなわち，確率変数の値 x を $y=F(x)$ に変換する．このとき，分布 $p(x\,;\xi)$ から $y=F(x)$ の分布 $q(y\,;\xi)$ および条件付き分布 $p(x|y\,;\xi)$ が定まり，元の分布は

$$p(x\,;\xi) = p(x|y\,;\xi)\,q(y\,;\xi) \tag{2.21}$$

と表される．$S_F\overset{\text{def}}{=}\{q(y\,;\xi)\}$ は $\mathcal{Y}$ 上のモデルになる．ここで，$\forall x\in\mathcal{X}$ に対し $p(x|y\,;\xi)$ が ξ に依らないとき，F は S に関する**十分統計量**(sufficient statistics)であるという．例えば，指数型分布族(2.14)において $F=(F_1,\cdots,F_n):\mathcal{X}\to\mathbf{R}^n$ は十分統計量である．また，一対一写像はすべて十分統計量である．F が十分統計量ならば，式(2.21)は

$$p(x\,;\xi) = p(x|y)\,q(y\,;\xi)$$

と表せる．このとき x の分布 $p(x\,;\xi)$ において ξ に依存する部分はすべて y の分布の中に含まれているから，未知パラメータ ξ（未知分布 $p(x\,;\xi)$）に関する推論を行うには y の値を知れば十分である．これが名前の由来である．

　F が十分統計量の場合，$\partial_i\log p(x\,;\xi)=\partial_i\log q(y\,;\xi)$ が成り立つので，g_{ij} および $\Gamma_{ij,k}^{(\alpha)}$ は S と S_F で同じになる．このことを，「Fisher 計量および α-接続は F のもとで**不変**(invariant)である」と表現する．一般に，統計的モデルの上に何らかの計量や接続を導入し，それらの構造と確率論・統計学との相互関係を論じる場合，この不変性はきわめて重要な意味を持つ．以下では，この不変性によって Fisher 計量および α-接続が特徴づけられることを示す．

　まず，有限集合上の確率分布を要素とする多様体について考えることにする．

§2.3 α-接続 37

自然数 $n=1, 2, \cdots$ に対し, $\mathcal{X}_n \overset{\text{def}}{=} \{0, 1, \cdots, n\}$, $\mathcal{P}_n \overset{\text{def}}{=} \mathcal{P}(\mathcal{X}_n)$ とおく. いま, $\mathcal{P}_n$ 上の Riemann 計量 g_n とアファイン接続 ∇_n から成る系列 $\{(g_n, \nabla_n) \mid n=1, 2, \cdots\}$ が一つ与えられたとする. いまのところ g_n, ∇_n はどんなものでもかまわない. このとき, $\mathcal{X}_n$ 上のモデル S と全射 $F: \mathcal{X}_n \to \mathcal{X}_m$ ($n \geqq m$) を任意にとれば, S ($\subset \mathcal{P}_n$) と S_F ($\subset \mathcal{P}_m$) にはそれぞれ (g_n, ∇_n), (g_m, ∇_m) から射影によって計量と接続が定まる. ここで次の条件を要請しよう: もし F が S に関して十分ならば S と S_F の計量および接続は不変に保たれる. この条件がどんな $n, m, S,$ F についても成り立つならば, ある正の実数 c および実数 α が存在して, $\forall n$ に対し, g_n は $\mathcal{P}_n$ 上の Fisher 計量の c 倍に一致し, ∇_n は $\mathcal{P}_n$ 上の α-接続に一致する(証明略). これは, N. N. Čencov による結果(1972)を, 見方を変えて述べたものである.

こうして有限集合上のモデルに関する限り, Fisher 計量(ただし定数倍の不定性を除いて)および α-接続は, 十分統計量のもとでの不変性によって特徴づけられることがわかった. そこで次に, 無限集合 $\mathcal{X}$ 上のモデル $S=\{p(x; \xi)\}$ について考えよう. まず, $\mathcal{X}$ を有限個の領域 $\delta_1, \delta_2, \cdots, \delta_n$ に分割する. ここで, 各 δ_i は $\mathcal{X}$ の部分集合で, $\delta_i \cap \delta_j = \varnothing$ ($i \neq j$), $\bigcup_{i=1}^{n} \delta_i = \mathcal{X}$ を満たすものとする. この分割を, δ_i を要素とする集合 $\varDelta = \{\delta_1, \cdots, \delta_n\}$ によって表すことにする. $\mathcal{X}$ の二つの分割 $\varDelta, \varDelta'$ に対し, $\varDelta'$ が $\varDelta$ を細分化した分割になっているとき, $\varDelta \leqq \varDelta'$ と書くことにする. このとき $\mathcal{X}$ の有限分割の全体 $\{\varDelta\}$ は, 半順序 $\leqq$ に関して有向集合を成す. さて, 分割 $\varDelta = \{\delta_1, \cdots, \delta_n\}$ を一つ定めれば, $\forall x \in \mathcal{X}$ に対し x を含む δ_i が一意に定まるから, これを $F_\varDelta(x) = \delta_i$ とおくことにより写像 $F_\varDelta: \mathcal{X} \to \varDelta$ が定義される. このとき, 分布 $p(x; \xi)$ のもとでの $F_\varDelta(x)$ の分布は

$$p_\varDelta(\delta_i; \xi) \overset{\text{def}}{=} \int_{\delta_i} p(x; \xi) \mathrm{d}x$$

で与えられ, $S_\varDelta \overset{\text{def}}{=} \{p_\varDelta(\delta_i; \xi)\}$ は $\varDelta$ 上のモデルとみなせる. $\varDelta$ は有限集合であるから, 前述の結果から, $S_\varDelta$ には不変性の要請によって Fisher 計量と α-接続が導入される. ここで, $F_\varDelta$ は一般には S の十分統計量にならない. しかし, 分割 $\varDelta$ をどんどん細かくしていけば, $F_\varDelta(x)$ は x をいくらでも精度よく表すことができるので, その極限として $F_\varDelta$ は十分統計量になると考えることができる. そこで不変性の要請から, S の構造としては $S_\varDelta$ の構造(Fisher 計量と α-

接続)の極限を考えればよい，ということになる．（数学的には，分割全体の成す有向集合 $\{\varDelta\}$ 上の有向点族の収束を考えればよい．）この極限によって，S にも Fisher 計量および α-接続が導入される．

　ここで少し歴史的な話をしておこう．統計的モデルを多様体とみなして微分幾何学的考察を行うという発想自体は，かなり古くからあった．C. R. Rao は，1945 年の論文において既に Fisher 情報行列が Riemann 計量を定めることを指摘し，モデルの構造を Riemann 幾何学の観点から考察することの重要性について述べている．その後この方向に沿った研究もいろいろと行われたが，統計学的な問題に直接結びつくような成果はあまり得られなかった．

　1975 年 B. Efron は，1 パラメータ・モデルに対して「統計的曲率」(statistical curvature)という概念を導入し，それが統計的推測の漸近理論に重要な役割を果たすことを見いだした．この結果に対して A. P. Dawid は，確率分布全体の成す空間 $\mathcal{P}$ 上にある接続を導入し，統計的曲率はこの接続に関する埋め込み曲率として表現されることを示した．これは上記の e-接続と同じものである．Dawid はさらに，$\mathcal{P}$ 上には他にもさまざまな接続が定義できることを指摘し，例として Fisher 計量に関する Riemann 接続(0-接続)と m-接続とを与えた．しかし $\mathcal{P}$ は一般には無限次元で，しかも多様体とはみなせず，数学的にはやっかいな空間である．Amari(1980)は，Dawid の議論を有限次元のモデルに「射影」して定式化しなおすとともに，その自然な一般化として α-接続を導入した．またそこでは，統計的推定において e-接続と m-接続のペアが重要な役割を果たすことが初めて明らかにされた．この結果は，次章で述べる双対接続構造の認識へとつながっていく．接続の双対性という概念は，Nagaoka-Amari(1982)によって明確に定式化され，情報幾何で中心的役割を果たすことになった．一方，上記の Efron に始まる流れとは独立に，α-接続そのものは，1972 年にロシアの数学者 N. N. Čencov によって別の観点(不変性)から導入されていた．ただし接続，特に曲率と統計的推測との関連については触れておらず，論文がロシア語で書かれていたこともあって，この結果は世界の統計学者の間にはあまり知られていなかったのである．

第3章

双対接続の理論

　前章で導入した Fisher 計量 g や α-接続 $\nabla^{(a)}$ の性質を調べたり，いろいろな問題に応用したりする場合，それらを単独で考えるのではなく，$(g, \nabla^{(a)}, \nabla^{(-a)})$ を組にして考えることが重要である．これは，g を介して $\nabla^{(a)}$ と $\nabla^{(-a)}$ の間に成立しているある種の双対性が本質的な役割を果たすからである．このような双対性が顔を出すのは統計的モデルに限ったものではない．情報幾何におけるさまざまな問題を，双対性を通して統一的視点から考察する，というのが本書の基本思想のひとつでもある．

§3.1　接続の双対性

　多様体 S 上に Riemann 計量 $g=\langle\ ,\ \rangle$ および二つのアファイン接続 ∇, ∇^* が与えられているとする．任意のベクトル場 $X, Y, Z \in \mathcal{T}(S)$ に対し

$$Z\langle X, Y \rangle = \langle \nabla_Z X, Y \rangle + \langle X, \nabla_Z^* Y \rangle \tag{3.1}$$

が成り立つとき，∇ と ∇^* は g に関して互いに**双対的**(dual)であるといい，一方を他方の**双対接続**(dual connection)または**共役接続**(conjugate connection)と呼ぶ．また，このような計量と接続の組 (g, ∇, ∇^*) を S 上の**双対構造**と呼ぶ．座標系 $[\xi^i]$ に関する g, ∇, ∇^* の成分表示 $g_{ij}, \Gamma_{ij,k}, \Gamma_{ij,k}^*$ を用いれば，双対性 (3.1) は

$$\partial_k g_{ij} = \Gamma_{ki,j} + \Gamma_{kj,i}^* \tag{3.2}$$

と表される．一般に，S 上の計量 g と接続 ∇ が任意に与えられたとき，g に関

する ∇ の双対接続 ∇^* が一意に存在する．また，$(\nabla^*)^*=\nabla$ が成り立つ．

定理3.1 任意の統計的モデルにおいて，α-接続と $(-\alpha)$-接続は Fisher 計量に関して互いに双対的である． □

これは(2.13)と同様にして容易に確かめられる．特に，e-接続と m-接続の双対性が応用上は重要である．

S 上に双対構造 (g, ∇, ∇^*) が与えられているとする．S の任意の部分多様体 M に対し，∇, ∇^* の g による M への射影 ∇_M, ∇_M^* を考えると，これらは g_M（g から定まる M 上の計量）に関して互いに双対的になる．この $(g_M, \nabla_M, \nabla_M^*)$ を (g, ∇, ∇^*) から M 上に**誘導された双対構造**と呼ぶ．

接続 ∇ が計量的であるという条件(1.63)は自己双対性 $\nabla^*=\nabla$ と同値である．したがって，双対性は計量性のある種の拡張概念であることがわかる．このことは，双対性の意味をベクトルの平行移動に基づいて考察して一層明らかになる．いま，S 上の任意の曲線 $\gamma : t \mapsto \gamma(t)$ と γ に沿った任意のベクトル場 X, Y が与えられたとして，X には ∇ に関する共変微分，Y には ∇^* に関する共変微分を考え，それぞれ $\delta X/\mathrm{d}t$，$\delta^* Y/\mathrm{d}t$ とおく．このとき式(3.1)より

$$\frac{\mathrm{d}}{\mathrm{d}t}\langle X(t), Y(t)\rangle = \left\langle \frac{\delta X(t)}{\mathrm{d}t}, Y(t)\right\rangle + \left\langle X(t), \frac{\delta^* Y(t)}{\mathrm{d}t}\right\rangle \quad (3.3)$$

が成り立つ．ここで，X は ∇ に関して，Y は ∇^* に関してそれぞれ平行であるとしよう．すなわち $\delta X/\mathrm{d}t = \delta^* Y/\mathrm{d}t = 0$ とする．このとき(3.3)の右辺は 0 となるから，内積 $\langle X(t), Y(t)\rangle$ は γ 上で一定になる．そこで，∇, ∇^* に関する γ に沿った平行移動をそれぞれ Π_γ, Π_γ^*（$: T_p(S) \to T_q(S)$，ただし p, q は γ の始点と終点）とおけば，$\forall D_1, \forall D_2 \in T_p(S)$ に対し

$$\langle \Pi_\gamma(D_1), \Pi_\gamma^*(D_2)\rangle_q = \langle D_1, D_2\rangle_p \quad (3.4)$$

が成り立つ．これは§1.10で述べた「計量的な接続による平行移動は内積を保存する」ということの拡張になっている．

関係式(3.4)は，Π_γ と Π_γ^* の間の関係を完全に定める．すなわち，Π_γ と Π_γ^* のうち一方が与えられれば，他方は(3.4)から定まってしまう．したがって，もし Π_γ が p と q を結ぶ曲線 γ の取り方に依らず $\Pi_\gamma = \Pi_{p,q}$ と表せるならば，Π_γ^* についても同様なはずである．このことは，∇, ∇^* の曲率テンソルをそれぞれ R, R^* とおくとき

$$R = 0 \Longleftrightarrow R^* = 0 \qquad (3.5)$$

が成り立つことを意味する．実際，任意のベクトル場 $X, Y, Z, W \in \mathcal{T}(S)$ に対し

$$\langle R(X, Y)Z, W \rangle = -\langle R^*(X, Y)W, Z \rangle \qquad (3.6)$$

が成り立ち，これから (3.5) が導かれる．一方，∇, ∇^* の捩率テンソル T, T^* については，一般にはこのような性質は成り立たない．

§3.2　双対平坦空間

多様体 S 上の双対構造 (g, ∇, ∇^*) において，∇, ∇^* がともに対称（$T = T^* = 0$）な場合には，(3.5) より ∇-平坦性と ∇^*-平坦性は同値になる．例えば α-接続 $\nabla^{(\alpha)}$ は常に対称であるから，$\nabla^{(\alpha)}$ に関して平坦であることを **α-平坦**ということにすれば，任意の統計的モデル S および任意の実数 α に対し

$$S \text{ は } \alpha\text{-平坦} \Longleftrightarrow S \text{ は } (-\alpha)\text{-平坦} \qquad (3.7)$$

が成り立つ．特に，§2.3 で指数型分布族は 1-平坦，混合型分布族は (-1)-平坦となることを示したが，これらはともに (± 1)-平坦となる（§3.4 参照）．

互いに双対的な ∇ と ∇^* がともに平坦であるような (S, g, ∇, ∇^*) を**双対平坦空間**（dually flat space）と呼ぶ．

定理3.2　(S, g, ∇, ∇^*) を双対平坦空間とする．S の部分多様体 M が ∇ か ∇^* のどちらかについて自己平行ならば，(g, ∇, ∇^*) から M 上に誘導された双対構造 $(g_M, \nabla_M, \nabla_M^*)$ に関して M は双対平坦空間になる．

［証明］　M は ∇-自己平行であるとする．このとき，定理1.1（§1.8）により ∇_M は平坦になる．したがって，(3.5) より ∇_M^* の曲率テンソルは 0 になる．一方，∇^* は平坦であるから対称接続であり，したがってその射影 ∇_M^* も対称である．以上により，∇_M^* も平坦になり，M は双対平坦空間になる．M が ∇^*-自己平行の場合も同様である．∎

(S, g, ∇, ∇^*) を双対平坦空間とすると，S には ∇-アファイン座標系 $[\theta^i]$ および ∇^*-アファイン座標系 $[\eta_i]$ が存在する[*1]．ここで，$\partial_i \overset{\text{def}}{=} \dfrac{\partial}{\partial \theta^i}$, $\partial^j \overset{\text{def}}{=} \dfrac{\partial}{\partial \eta_j}$ とお

　[*1]　このように添え字の上下を ∇ と ∇^* とで逆にとると，Einstein の規約が自然に適用できて便利である．

くとき，∂_i は ∇-平行なベクトル場，∂^j は ∇^*-平行なベクトル場であるから，(3.4)により，$\langle \partial_i, \partial^j \rangle$ は S 上で一定値をとる．アファイン座標系には正則アファイン変換の自由度(1.39)があるので，∇-アファインな $[\theta^i]$ を任意に与えたとき，∇^*-アファインな $[\eta_i]$ を適当に選ぶことによって

$$\langle \partial_i, \partial^j \rangle = \delta_i^j \qquad (3.8)$$

が常に成り立つようにできる．一般に Riemann 多様体 (S, g) 上の二つの座標系 $[\theta^i]$ と $[\eta_i]$ の間に上式の関係が成り立つとき，これらの座標系は(g に関して)互いに**双対的**であるという．また，一方を他方の**双対座標系**(dual coordinate system)という．Euclid 座標系(1.68)は自己双対的な座標系ということになる．一般の Riemann 多様体 (S, g) 上に双対的な座標系が常に存在するわけではない．しかし，(S, g, ∇, ∇^*) が双対平坦空間となる場合には，このような座標系が存在することがわかった．逆に，Riemann 多様体 (S, g) に双対座標系 $[\theta^i]$, $[\eta_i]$ が存在すれば，それらをそれぞれアファイン座標系とする接続 ∇, ∇^* が定まり，(S, g, ∇, ∇^*) は双対平坦空間になる．

$[\theta^i]$, $[\eta_i]$ に関する g の成分を

$$g_{ij} \overset{\text{def}}{=} \langle \partial_i, \partial_j \rangle, \qquad g^{ij} \overset{\text{def}}{=} \langle \partial^i, \partial^j \rangle \qquad (3.9)$$

とおこう．$[\theta^i]$ と $[\eta_i]$ との座標変換を考えれば，

$$\partial^j = (\partial^j \theta^i) \partial_i, \qquad \partial_i = (\partial_i \eta_j) \partial^j$$

が成り立つ．これより，(3.8)は

$$\frac{\partial \eta_j}{\partial \theta^i} = g_{ij}, \qquad \frac{\partial \theta^i}{\partial \eta_j} = g^{ij} \qquad (3.10)$$

と同値である．この場合 $g_{ij} g^{jk} = \delta_i{}^k$ が成り立ち，(1.21)の表記と一致する．

互いに双対的な $[\theta^i]$, $[\eta_i]$ が与えられたとき，関数 $\psi: S \to \mathbf{R}$ に関する偏微分方程式

$$\partial_i \psi = \eta_i \qquad (3.11)$$

を考える．これは $d\psi = \eta_i d\theta^i$ とも書くことができ，解の存在条件は $\partial_i \eta_j = \partial_j \eta_i$ で与えられる．ここでは(3.10)より，$\partial_i \eta_j = g_{ij} = \partial_j \eta_i$ が成り立つので，解 ψ は常に存在する．(3.11), (3.10)より

$$\partial_i \partial_j \psi = g_{ij} \qquad (3.12)$$

が成り立つ. これより ψ の2階微分が正定値行列を成すので, ψ は $[\theta^1, \cdots, \theta^n]$ の関数として狭義凸関数になる. 同様に

$$\partial^i \varphi = \theta^i \qquad (3.13)$$

の解 φ も存在する. 特に, (3.11)の解 ψ を用いて

$$\varphi = \theta^i \eta_i - \psi \qquad (3.14)$$

とおけば,

$$\mathrm{d}\varphi = \theta^i \mathrm{d}\eta_i + \eta_i \mathrm{d}\theta^i - \mathrm{d}\psi$$

となり, これに $\mathrm{d}\psi = \eta_i \mathrm{d}\theta^i$ を代入すれば, $\mathrm{d}\varphi = \theta^i \mathrm{d}\eta_i$, すなわち(3.13)が成り立つことがわかる. φ は(3.13), (3.10)より

$$\partial^i \partial^j \varphi = g^{ij} \qquad (3.15)$$

を満たし, $[\eta_1, \cdots, \eta_n]$ の関数として狭義凸になる. 一般に, (3.11), (3.13), (3.14)の形で表される座標変換 $[\theta^i] \leftrightarrow [\eta_i]$ を **Legendre 変換**といい, ψ, φ をその**ポテンシャル**と呼ぶ.

以上のことを定理としてまとめておこう.

定理3.3 双対平坦空間 (S, g, ∇, ∇^*) において ∇-アファイン座標系 $[\theta^i]$ を任意にとると, g に関して $[\theta^i]$ と双対的な座標系 $[\eta_i]$ が存在して, $[\eta_i]$ は ∇^*-アファイン座標系になる. これらの座標系相互の関係は, ポテンシャル ψ, φ を用いた Legendre 変換(3.11), (3.13), (3.14)によって表される. また, これらの座標系に関する計量 g の成分は, ポテンシャルの2階微分(3.12), (3.15)で表される. □

§3.3 ダイバージェンス

式(3.11), (3.14)および ψ の凸性より, $\forall q \in S$ に対し

$$\varphi(q) = \max_{p \in S} \{\theta^i(p) \eta_i(q) - \psi(p)\} \qquad (3.16)$$

が成り立つ. 同様に, $\forall p \in S$ に対し

$$\psi(p) = \max_{q \in S} \{\theta^i(p) \eta_i(q) - \varphi(q)\} \qquad (3.17)$$

が成り立つ. そこで, $\forall p, \forall q \in S$ に対し

44　　　　　　　第3章　双対接続の理論

$$D(p\|q) \overset{\text{def}}{=} \psi(p) + \varphi(q) - \theta^i(p)\eta_i(q) \qquad (3.18)$$

とおくと，$D(p\|q) \geqq 0$ であり，かつ $D(p\|q)=0 \Leftrightarrow p=q$ となることがわかる．すなわち，$D : S \times S \to \mathbf{R}$ は2点の隔たりを表す距離的な量になる．ただし，距離の公理(対称性，三角不等式)は一般に満たさない．

双対平坦空間 (S, g, ∇, ∇^*) において，互いに双対的なアファイン座標系 $[\theta^i]$，$[\eta_i]$ およびポテンシャル ψ, φ には

$$\tilde{\theta}^j = A_i^j \theta^i + B^j, \qquad \tilde{\eta}_j = C_j^i \eta_i + D_j$$
$$\tilde{\psi} = \psi + D_j \tilde{\theta}^j + c, \qquad \tilde{\varphi} = \varphi + B^j \tilde{\eta}_j - B^j D_j - c$$

の自由度がある．ただし $[A_i^j]$ は任意の正則行列で $[C_j^i]$ はその逆行列，$[B^j]$，$[D_j]$ はともに任意の実数ベクトル，c は任意の実数である．これらの自由度は (3.18) ではすべて打ち消し合い，D は (S, g, ∇, ∇^*) から一意に定まる．この D を S 上の ∇-**ダイバージェンス**(divergence)と呼ぶことにする．

S において ∇ と ∇^* の役割を入れ換えると，$[\theta^i]$ と $[\eta_i]$，ψ と φ が入れ換わるので，∇^*-ダイバージェンス D^* は

$$D^*(p\|q) = D(q\|p) \qquad (3.19)$$

となることがわかる．また，∇ あるいは ∇^* に関して自己平行な部分多様体 M とその上に誘導された双対構造 $(g_M, \nabla_M, \nabla_M^*)$ を考えるとき(定理3.2参照)，∇_M-ダイバージェンス D_M は

$$D_M(p\|q) = D(p\|q) \qquad (\forall p, \forall q \in M) \qquad (3.20)$$

(すなわち $D_M = D|_{M \times M}$)となることを示せる．D_M^* についても同様．

∇ が Riemann 接続($\nabla = \nabla^*$)の場合について考えると，「双対平坦」という条件は単に ∇ が平坦ということを意味し，このとき Euclid 座標系 $[\theta^i]$ が存在する．これは自己双対的($\theta^i = \eta_i$)であり，そのポテンシャルは $\psi = \varphi = \frac{1}{2}\sum_i (\theta^i)^2$ と表される(この場合には Einstein の規約は適用できない)．これを (3.18) に代入すれば

$$D(p\|q) = \frac{1}{2}\sum_i \{(\theta^i(p))^2 + (\theta^i(q))^2 - 2\theta^i(p)\theta^i(q)\} = \frac{1}{2}\{d(p, q)\}^2$$

を得る．ただし d は Euclid 距離 $d(p, q) \overset{\text{def}}{=} \sqrt{\sum_i \{\theta^i(p) - \theta^i(q)\}^2}$ である．一般のダイバージェンス D の場合にも，十分に近い2点 p, p' については

§3.3 ダイバージェンス   45

$$D(p\|p') = \frac{1}{2}g_{ij}(p)\mathrm{d}\theta^i\mathrm{d}\theta^j \qquad (\mathrm{d}\theta^i = \theta^i(p') - \theta^i(p))$$

が成り立つ.

Euclid 距離に関する Pythagoras の定理は, 一般の双対平坦空間 (S, g, ∇, ∇^*) 上の ∇-ダイバージェンス D に対して次のように拡張される.

定理 3.4 S の 3 点 p, q, r に対して, p と q を結ぶ ∇-測地線を γ_1, q と r を結ぶ ∇^*-測地線を γ_2 とおく. γ_1 と γ_2 が交点 q において(g の内積に関して)直交するならば,

$$D(p\|r) = D(p\|q) + D(q\|r) \tag{3.21}$$

が成り立つ(図 3.1).

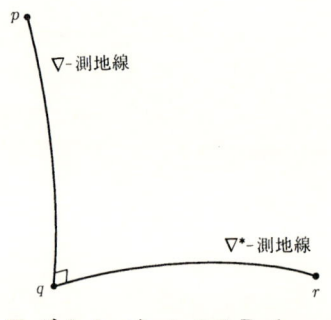

図 3.1 ∇-ダイバージェンスの Pythagoras 定理

[証明] ∇-測地線は $[\theta^i]$ において直線として表されるので, γ_1 はパラメータ t を用いて $\theta_t^i = t\theta^i(p) + (1-t)\theta^i(q)$ と表され, この曲線の接ベクトルは $\frac{\mathrm{d}}{\mathrm{d}t}\theta_t^i\partial_i = \{\theta^i(p) - \theta^i(q)\}\partial_i$ となる. 同様に, γ_2 は $\eta_{ti} = t\eta_i(q) + (1-t)\eta_i(r)$ と表され, 接ベクトルは $\frac{\mathrm{d}}{\mathrm{d}t}\eta_{ti}\partial^i = \{\eta_i(q) - \eta_i(r)\}\partial^i$ となる. 交点 q におけるこれらの接ベクトルの内積は, (3.8)より $\{\theta^i(p) - \theta^i(q)\}\{\eta_i(q) - \eta_i(r)\}$ と書ける. 一方, (3.18), (3.14)より

$$D(p\|q) + D(q\|r) - D(p\|r) = \{\theta^i(p) - \theta^i(q)\}\{\eta_i(r) - \eta_i(q)\}$$

となる. よって直交性のもとで(3.21)が成り立つ. ∎

この定理より直ちに次の射影定理が得られる(図 3.2).

系 3.5 S の点 p および ∇^*-自己平行な部分多様体 M が与えられたとする. M の点 q が $D(p\|q) = \min_{r\in M} D(p\|r)$ を満たすための必要十分条件は, p と q を結ぶ ∇-測地線が q において M と直交することである. ∎

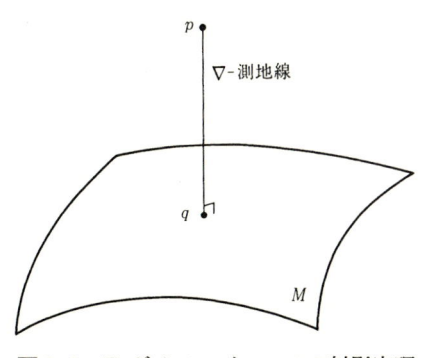

図3.2 ∇-ダイバージェンスの射影定理

一般の部分多様体 M については次が成り立つ.

定理3.6 S の点 p および部分多様体 M が与えられたとする. M 上の関数 $r \mapsto D(p\|r)$ が点 $q \in M$ において停留値をとる(すなわち,M の座標系に関する偏微係数が 0 になる)ための必要十分条件は,p と q を結ぶ ∇-測地線が q において M と直交することである. □

§3.4 α-アファイン多様体と α-分布族

この節では §3.2, §3.3 の議論を α-接続に適用してみる.

集合 $\mathcal{X}$ 上の統計的モデル $S = \{p_\xi | \xi \in \varXi\}$ において,各要素 p_ξ は確率分布 ($\in \mathcal{P}(\mathcal{X})$) であった. 本節ではこの条件をゆるめて,$\int p(x\,;\xi)\mathrm{d}x$ が 1 以外の有限値をとる場合も含めて考えることにする. すなわち,$S = \{p_\xi\}$ は次の集合の部分集合であるとする.

$$\tilde{\mathcal{P}}(\mathcal{X}) \stackrel{\text{def}}{=} \{p: \mathcal{X} \to \mathbf{R} \,|\, p(x) > 0 \;(\forall x \in \mathcal{X}), \int p(x)\mathrm{d}x < \infty\} \qquad (3.22)$$

このように考察の範囲を拡げることによって,α-接続の性質をより自然に理解することが可能になる. この拡張を除いて,§2.1, §2.2 で設定した仮定はそのままとする. この場合も S は多様体となり,(2.6), (2.11)によって,Fisher 計量 g と α-接続 $\nabla^{(\alpha)}$ が定義される. ただし(2.8), (2.9)などは一般には成り立たない.

ここで,各 $\alpha \in \mathbf{R}$ に対し

§3.4 α-アファイン多様体と α-分布族

$$L^{(\alpha)}(u) \overset{\text{def}}{=} \begin{cases} \dfrac{2}{1-\alpha}\, u^{(1-\alpha)/2} & (\alpha \neq 1) \\ \log u & (\alpha = 1) \end{cases} \tag{3.23}$$

$$l^{(\alpha)}(x\,;\xi) \overset{\text{def}}{=} L^{(\alpha)}(p(x\,;\xi)) \tag{3.24}$$

とおく．特に $l^{(1)}(x\,;\xi)=l(x\,;\xi)$, $l^{(-1)}(x\,;\xi)=p(x\,;\xi)$ である．このとき

$$\partial_i l^{(\alpha)} = p^{(1-\alpha)/2}\partial_i l, \qquad \partial_i\partial_j l^{(\alpha)} = p^{(1-\alpha)/2}\Big(\partial_i\partial_j l + \frac{1-\alpha}{2}\partial_i l\,\partial_j l\Big)$$

が成り立つので，(2.6),(2.11)はそれぞれ

$$g_{ij}(\xi) = \int \partial_i l^{(\alpha)}(x\,;\xi)\,\partial_j l^{(-\alpha)}(x\,;\xi)\,\mathrm{d}x \tag{3.25}$$

$$(\varGamma^{(\alpha)}_{ij,k})_\xi = \int \partial_i\partial_j l^{(\alpha)}(x\,;\xi)\,\partial_k l^{(-\alpha)}(x\,;\xi)\,\mathrm{d}x \tag{3.26}$$

と表される．この表現を用いれば，α-接続と $(-\alpha)$-接続の双対性 $\partial_k g_{ij}=\varGamma^{(\alpha)}_{ki,j}$ $+\varGamma^{(-\alpha)}_{kj,i}$ は自明である．

実数 α を任意に固定する．ある座標系 $[\theta^i]$ に関して

$$\partial_i\partial_j l^{(\alpha)}(x\,;\theta) = 0 \qquad \Big(\partial_i \overset{\text{def}}{=} \frac{\partial}{\partial\theta^i}\Big) \tag{3.27}$$

が成り立つならば，(3.26)より $[\theta^i]$ は $\nabla^{(\alpha)}$-アファイン座標系となり，$S=\{p_\theta\}$ は α-平坦になる．このような S を **α-アファイン多様体**と呼ぶ．条件(3.27)は，$\mathscr{X}$ 上の関数 $\{C, F_1, \cdots, F_n\}$ ($n=\dim S$) が存在して

$$l^{(\alpha)}(x\,;\theta) = C(x) + \theta^i F_i(x) \tag{3.28}$$

と書けることと同値である．また，定理 1.1(§1.8)より，S の部分多様体 M が α-アファインになるための必要十分条件は，M が $\nabla^{(\alpha)}$ に関して自己平行 (**α-自己平行**)なことである．

α-アファイン多様体 S は，(3.7)より $(-\alpha)$-平坦でもある．すなわち，$(S, g, \nabla^{(\alpha)}, \nabla^{(-\alpha)})$ は双対平坦空間になる．実際

$$\eta_i \overset{\text{def}}{=} \int F_i(x)\, l^{(-\alpha)}(x\,;\theta)\,\mathrm{d}x \tag{3.29}$$

とおけば，(3.25),(3.28)より

$$\partial_j\eta_i = \int F_i\partial_j l^{(-\alpha)}\mathrm{d}x = \int \partial_i l^{(\alpha)}\partial_j l^{(-\alpha)}\mathrm{d}x = g_{ij} \tag{3.30}$$

となって，(3.10)が成り立つので，$[\theta^i]$ と $[\eta_i]$ は互いに双対的であり，$[\eta_i]$ は

$\nabla^{(-\alpha)}$-アファイン座標系となる。また，

$$\phi(\theta) \overset{\text{def}}{=} \begin{cases} \dfrac{2}{1+\alpha}\displaystyle\int p(x;\theta)\,\mathrm{d}x & (\alpha \neq -1) \\[2mm] \displaystyle\int p(x;\theta)\{\log p(x;\theta)-1\}\,\mathrm{d}x & (\alpha = -1) \end{cases} \tag{3.31}$$

とおけば，$\partial_i\psi = \eta_i$ が成り立つことが容易に確かめられる。さらに φ を (3.14) で定めることにより，Legendre 変換のポテンシャルが求まる。

S の $\nabla^{(\alpha)}$-ダイバージェンス D は，(3.18), (3.14) より

$$D(\theta \| \theta') = \phi(\theta) - \phi(\theta') + (\theta'^i - \theta^i)\eta_i'$$

と表される。ここで (3.28), (3.29) より

$$(\theta'^i - \theta^i)\eta_i' = \int \{l^{(\alpha)}(x;\theta') - l^{(\alpha)}(x;\theta)\}l^{(-\alpha)}(x;\theta')\,\mathrm{d}x$$

と書け，さらに (3.31) を用いて計算すれば，次の定理が得られる。

定理 3.7 $\forall p, \forall q \in \tilde{\mathcal{P}}(\mathcal{X})$ および $\forall \alpha \in \mathbf{R}$ に対して $D^{(\alpha)}(p \| q)$ を次式で定める。

$$D^{(\alpha)}(p \| q) \overset{\text{def}}{=} \frac{4}{1-\alpha^2}\int\left\{\frac{1-\alpha}{2}p + \frac{1+\alpha}{2}q - p^{(1-\alpha)/2}q^{(1+\alpha)/2}\right\}\mathrm{d}x \quad (\alpha \neq \pm 1) \tag{3.32}$$

$$D^{(-1)}(p \| q) = D^{(1)}(q \| p) \overset{\text{def}}{=} \int\left\{q - p + p\log\frac{p}{q}\right\}\mathrm{d}x \tag{3.33}$$

このとき，任意の α-アファイン多様体 $S(\subset \tilde{\mathcal{P}}(\mathcal{X}))$ 上の $\nabla^{(\alpha)}$- および $\nabla^{(-\alpha)}$-ダイバージェンスは，それぞれ $D^{(\alpha)}$ および $D^{(-\alpha)}$ の $S \times S$ への制限に一致する。 □

上記の $D^{(\alpha)}$ を $\boldsymbol{\alpha}$-ダイバージェンスと呼ぶ。$D^{(\alpha)}(p \| q) = D^{(-\alpha)}(q \| p)$ が常に成立する。確率分布 $p, q \in \mathcal{P}(\mathcal{X})$ に対しては，$D^{(\alpha)}$ は Csiszár の f-ダイバージェンス $D_f(p \| q) = \int p(x)f\left(\dfrac{q(x)}{p(x)}\right)\mathrm{d}x$ (f は $f(1)=0$ を満たす凸関数) の一種になっている。特に

$$D^{(-1)}(p \| q) = D^{(1)}(q \| p) = \int p(x)\log\frac{p(x)}{q(x)}\mathrm{d}x \tag{3.34}$$

は，**Kullback ダイバージェンス，Kullback 情報量，**あるいは相対エントロピー (relative entropy) と呼ばれるもので，情報に関係する多くの分野で非常に重要である。また

$$D^{(0)}(p\|q) = 2\int(\sqrt{p}-\sqrt{q})^2\mathrm{d}x$$

は Hellinger 距離と呼ばれ，これも統計学などにおいてよく用いられる．

$\mathcal{X}$ が有限集合 $\{x_1, \cdots, x_n\}$ の場合には，各 $i=1, \cdots, n$ に対して $F_i: \mathcal{X}\to\mathbf{R}$ を $F_i(x_j)=\delta_{ij}$ で定義すれば，$\forall p\in\tilde{\mathcal{P}}(\mathcal{X})$ は独立なパラメータ $\theta^1, \cdots, \theta^n$ を用いて $L^{(a)}(p(x))=\theta^i F_i(x)$ と表される $(\theta^i=L^{(a)}(p(x_i)))$．したがって，$\tilde{\mathcal{P}}(\mathcal{X})$ は $\forall a\in\mathbf{R}$ について a-アファイン多様体になる．このとき定理 3.7 は (3.20) の一例として理解することができる．また，特に $a=0$ とおけば，$\tilde{\mathcal{P}}(\mathcal{X})$ は Fisher 計量に関して Euclid 空間を成すことがわかる．$\mathcal{X}$ が無限集合の場合に $\tilde{\mathcal{P}}(\mathcal{X})$ は多様体とはみなせないが，ある意味で a-アファイン多様体に類似した構造を持っていると考えられる．

任意の統計的モデル $S=\{p_\xi|\xi\in\varXi\}(\subset\mathcal{P}(\mathcal{X}))$ に対し

$$\tilde{S}\overset{\text{def}}{=}\{\tau p_\xi|\xi\in\varXi,\ \tau>0\}\ (\subset\tilde{\mathcal{P}}(\mathcal{X})) \tag{3.35}$$

とおけば，これは $\dim\tilde{S}=\dim S+1$ なる多様体になり，S はその部分多様体とみなせる．$\tilde{S}$ を S の**拡張**(extension) と呼ぶ(図 3.3)．これについて以下の定理が成り立つ．

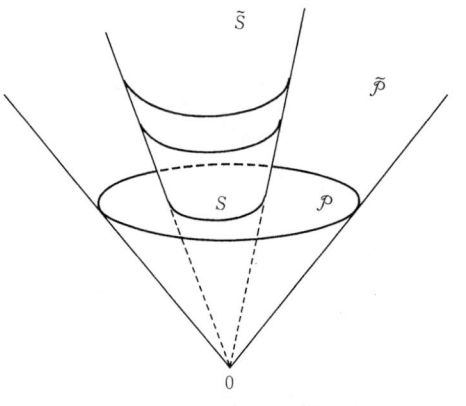

図 3.3　拡張多様体

定理 3.8　S は $\tilde{S}$ の部分多様体として (-1)-自己平行である．　　　□

定理 3.9　M を S の部分多様体，$\tilde{M}$ をその拡張とする．$\forall a\in\mathbf{R}$ に対し，次の (i)，(ii) は互いに同値である．

50 　　　　　　　　　　第3章　双対接続の理論

(ⅰ)　M は S の部分多様体として α-自己平行

(ⅱ)　$\tilde{M}$ は $\tilde{S}$ の部分多様体として α-自己平行　　　　　　　　　　　□

　拡張 $\tilde{S}$ が α-アフィン多様体になるような統計的モデル $S=\{p_\xi\}$ を **α-分布族**(α-family)と呼ぶ．このとき $\tilde{S}$ は(3.28)の形に表される．$\alpha\neq1$ の場合には，$\tau\to0$ $(\alpha<1)$ あるいは $\tau\to\infty$ $(\alpha>1)$ の極限を考えれば，$C(x)$ を 0 とできることがわかるので，適当に整理すれば S は次の形に表される($n=\dim S$)．

$$p(x\,;\xi) = \left\{\sum_{i=0}^{n} \theta^i(\xi)F_i(x)\right\}^{2/(1-\alpha)} \tag{3.36}$$

特に $\alpha=-1$ の場合には混合型分布族になる．また，$\alpha=1$ の場合には指数型分布族(2.14)になることもすぐにわかる．$\forall\alpha$ に対して，定理3.9から次が成り立つ．

　定理3.10　S が α-分布族のとき，S の部分多様体 M が α-分布族になるための必要十分条件は，M が α-自己平行になることである．　　　　　　□

　特に $\mathcal{X}$ が有限集合の場合には，$\mathcal{P}(\mathcal{X})$ が $\forall\alpha\in\mathbf{R}$ に対して α-分布族になるので，$\mathcal{X}$ 上のすべての α-分布族は $\mathcal{P}(\mathcal{X})$ の α-自己平行部分多様体として特徴付けられる．また，上の定理において，$\alpha=1$ の場合は応用上特に重要である．すなわち，指数型分布族 S の部分多様体(曲指数型分布族という)M は，S の中でe-自己平行のとき，またそのときに限り，指数型分布族になる．一般に，曲指数型分布族 M がどの程度指数型分布族と異なっているかは，e-接続に関する埋め込み曲率によって測ることができる(§4.4参照)．

　S が α-アフィン多様体ならば，定理3.7より，$D=D^{(\pm\alpha)}$, $\nabla=\nabla^{(\pm\alpha)}$ に対して定理3.5，定理3.6が成立する．一方，α-分布族は $\alpha=-1$ の場合を除けば α-アフィン多様体にならないが，それにもかかわらず次が成り立つ．

　定理3.11　α-分布族 S とその部分多様体 M，および $p\in S$ が与えられたとする．M 上の関数 $r\to D^{(\pm\alpha)}(p\|r)$ が点 $q\in M$ において停留値をとるための必要十分条件は，p と q を結ぶ $(\pm\alpha)$-測地線が q において M と直交することである(複号同順)．　　　　　　　　　　　　　　　　　　　　　　　　□

　この定理は $S=\mathcal{P}(\mathcal{X})$（$\mathcal{X}$ は無限集合でもよい）の場合にも拡張できる．

　定理3.8より，$\alpha=\pm1$ については特殊な事情になる．まず，(-1)-分布族すなわち混合型分布族は，それ自体 (-1)-アフィン多様体になる．したがって

§3.4 α-アファイン多様体と α-分布族 51

(±1)-平坦である．一方，1-分布族すなわち指数型分布族は，1-アファイン多様体にはならないが，定理3.8と定理3.2からやはり（±1)-平坦になる．指数型分布族

$$p(x\,;\theta) = \exp\Big[\,C(x) + \sum_{i=1}^{n} \theta^i F_i(x) - \psi(\theta)\,\Big]$$

において，自然パラメータ $[\theta^i]$ が $\nabla^{(1)}$-アファイン座標系になることは§2.3で示した．ここで

$$\eta_i \stackrel{\text{def}}{=} E_\theta[F_i] = \int F_i(x)\, p(x\,;\theta)\, \mathrm{d}x \tag{3.37}$$

とおくと，(2.16)，(2.9)より $\eta_i = \partial_i \psi$ が成り立ち，さらに，(2.17)，(2.8)より $\partial_i \partial_j \psi = g_{ij}$ が成り立つ．したがって，$[\eta_i]$ は $[\theta^i]$ と双対的な $\nabla^{(-1)}$-アファイン座標系になり，ψ は Legendre 変換のポテンシャルになる．$[\eta_i]$ を**期待値パラメータ** (expectation parameters) と呼ぶ．また (3.14) の φ は

$$\varphi(\theta) = E_\theta[\log p_\theta - C] \tag{3.38}$$

となる．特に $C=0$ の場合には，エントロピー $H(p) \stackrel{\text{def}}{=} -\int p(x)\log p(x)\,\mathrm{d}x$ により，$\varphi(\theta) = -H(p_\theta)$ と表される．これらを (3.18) に代入すれば，Kullback ダイバージェンス (3.34) が得られる．これは定理3.7と定理3.8からの必然的な帰結でもある（(3.20) 参照）．

最後にひとつの応用として，Jeffreys の事前分布について述べておこう．統計的モデル $S = \{p_\xi\,;\xi = [\xi^1, \cdots, \xi^n] \in \varXi\}$ において，Fisher 計量のもとでの体積 $V \stackrel{\text{def}}{=} \int_\xi \sqrt{\det G(\xi)}\,\mathrm{d}\xi$ が有限であったとする．ただし，$G(\xi)$ は Fisher 情報行列とし，積分は n 重積分を考える．このとき，$Q(\xi) \stackrel{\text{def}}{=} \sqrt{\det G(\xi)}/V$ によって $\varXi$ 上の確率密度関数が定義される．これは座標系 $[\xi^i]$ の取り方に依らずに定まるので，モデル S 上の確率分布とみなせる．この分布は，Bayes 統計学の分野で **Jeffreys の事前分布** (Jeffreys' prior) と呼ばれており，最近になってユニバーサルデータ圧縮においても重要な役割を果たすことがわかってきた．

ここで，$S = \mathcal{P}(\mathcal{X})$, $\mathcal{X} = \{0, 1, \cdots, n\}$ の場合について考えよう．このとき，$\tilde{S} = \tilde{\mathcal{P}}(\mathcal{X})$ は Fisher 計量について Euclid 空間となり，S はその中で $\sum_x \{l^{(0)}(x)\}^2 = 4$ によって定まる半径2の球面を成す．したがって，n 次球面の表面積の公式により，ガンマ関数 Γ を用いて

$$V = \pi^{(n+1)/2}/\Gamma((n+1)/2)$$

と表されることがわかる．また，$Q(\xi)\mathrm{d}\xi$ は球面上の一様分布になる．

§3.5 直交双対葉層化

双対平坦な空間 S の双対座標系 $[\theta^i]$, $[\eta_i]$ を一つ固定しよう．いま，$i=1,\cdots,$ n の番号のうちで最初の $i=1,\cdots,k$ を固定して I-部分と呼び，残りの番号 $i=$ $k+1,\cdots,n$ を II-部分と呼ぶ．いま，$[\eta_i]$ 座標系の I-部分が一定の値 $c_{\mathrm{I}}=(c_{\mathrm{I},i})$, $i=1,\cdots,k$ に固定された点の集合を

$$M(c_{\mathrm{I}}) = \{\eta \mid \eta_1 = c_{\mathrm{I},1}, \cdots, \eta_k = c_{\mathrm{I},k} \text{；残りの } \eta_i \text{ は自由}\}$$

とする．これは点 $\eta = (c_{\mathrm{I},1}, \cdots, c_{\mathrm{I},k}, 0, \cdots, 0)$ を通る m-平坦な $n-k$ 次元の部分多様体である．c_{I} をいろいろに変えれば，$M(c_{\mathrm{I}})$ も変わるが，$c_{\mathrm{I}} \neq c_{\mathrm{I}}'$ ならば

$$M(c_{\mathrm{I}}) \cap M(c_{\mathrm{I}}') = \varnothing$$

で，

$$\bigcup_{c_{\mathrm{I}}} M(c_{\mathrm{I}}) = S$$

とする．つまり，S は m-平坦な $M(c_{\mathrm{I}})$ の集まりに分割される．このような分割を S の**葉層化**(foliation)という．

これとちょうど双対に，θ-座標系で $\theta^{k+1}, \cdots, \theta^n$ の値を $d_{\mathrm{II}}{}^{k+1}, \cdots, d_{\mathrm{II}}{}^n$ に固定した点の集まりを

$$E(d_{\mathrm{II}}) = \{\theta \mid \theta^{k+1} = d_{\mathrm{II}}{}^{k+1}, \cdots, \theta^n = d_{\mathrm{II}}{}^n \text{；} \theta^1, \cdots, \theta^n \text{ の値は自由}\}$$

という部分空間を考える．これは e-平坦な空間であり，$E(d_{\mathrm{II}})$ の集まりも S のもう一つの葉層化を与える．

点 p を一つ固定すると，ここを通る $M(c_{\mathrm{I}})$ と $E(d_{\mathrm{II}})$ がそれぞれ一つ決まる．このうえで，$M(c_{\mathrm{I}})$ の接空間 $T_p(M)$ は $\{\partial_1, \cdots, \partial_k\}$ の張る k 次元空間であり，$E(d_{\mathrm{II}})$ の接空間 $T_p(E)$ は $\{\partial^{k+1}, \cdots, \partial^n\}$ の張る $n-k$ 次元空間である．興味ある事実は

$$\langle \partial_i, \partial^j \rangle = 0 \qquad (i \neq j)$$

から，$T_p(E)$ と $T_p(M)$ は直交していることである．このような直交関係にある 2 組の葉層化を**直交双対葉層化**と呼ぶ．

§3.5 直交双対葉層化

点 p の η-座標をはじめの k 次元部分と残りの $n-k$ 次元部分

$$\eta = (\eta_{\mathrm{I}}, \eta_{\mathrm{II}})$$

とに分割し，θ-座標も

$$\theta = (\theta^{\mathrm{I}}, \theta^{\mathrm{II}})$$

のように分割する．このとき，点 p は $M(\eta_{\mathrm{I}})$ と $E(\theta^{\mathrm{II}})$ の交点になっている．そこで，新しく

$$\xi = (\eta_{\mathrm{I}}, \theta^{\mathrm{II}})$$

をまとめれば，これは S の一つの座標系を定義する．これを**混合座標系**と呼ぶ．

2点 p, q の混合座標をそれぞれ $(\eta_{\mathrm{I}}(p), \theta^{\mathrm{II}}(p)), (\eta_{\mathrm{I}}(q), \theta^{\mathrm{II}}(q))$ とする．このとき，$r = (\eta_{\mathrm{I}}(p), \theta^{\mathrm{II}}(q)), \Gamma' = (\eta_{\mathrm{I}}(q), \theta^{\mathrm{II}}(p))$ という座標を持つ点を考えれば，r は点 q を $M(\eta_{\mathrm{I}}(p))$ に m-射影した点であり，r' は点 q を $E(\theta^{\mathrm{II}}(p))$ に e-射影した点である(図3.4)．これより

$$D(p\|q) = D(p\|r) + D(r\|q)$$
$$D(q\|p) = D(q\|r') + D(r'\|p)$$

が成立している．

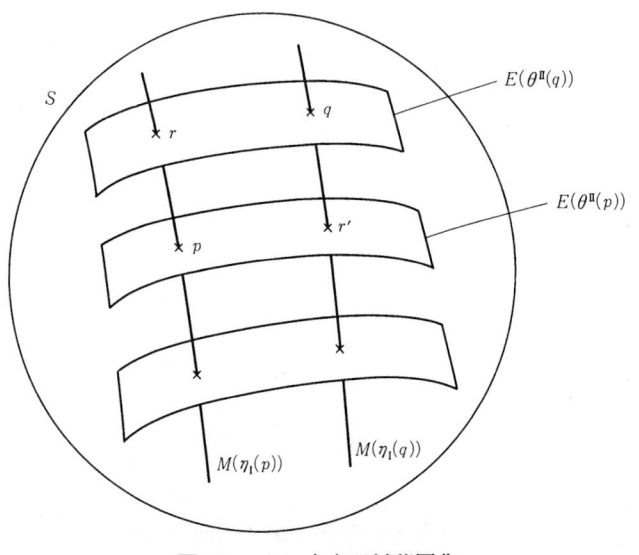

図3.4 S の直交双対葉層化

第4章

統計的推論の微分幾何

　未知の確率分布に従って生成されるデータが与えられたとしよう．観測した
データからその発生機構の確率分布に関する情報を得ることを統計的推論とい
う．データを発生するメカニズムがある程度わかっていれば，確率分布の形は
わかっているから，未知のパラメータを含む分布の族を候補として考えればよ
い．これを**統計的モデル**(statistical model)と呼ぶ．統計学は古い歴史を持ち,
多くの推論手法と理論が開発されてきた．これは当然，確率論と解析学に基礎
をおいている．

　一方，統計的モデルである確率分布の族は Riemann 計量と双対接続を持つ
多様体として豊かな幾何学的な構造を有する．統計的推論の仕組を理解し，優
れた推論の手法を開発するためにも，統計学を統計的モデルの幾何学として構
築し直して見ることが重要である．この分野はこれから大きな発展をとげると
思われる．ここでは，古典的な推定論，検定論の枠組を幾何学として眺めるこ
とから始める．さらに，分布関数の形が未知の場合のノンパラメトリックまた
はセミパラメトリックの推定に話を進める．

§4.1　統計的推論と指数型分布族

　パラメータ $\xi = (\xi^i)$, $i = 1, \cdots, n$, によって指定されている確率分布の族 S
$= \{p(x ; \xi)\}$ を考えよう．適当な正則性条件のもとで，S は ξ を一つの（局所）
座標系とする n 次元の多様体とみなせる．いま，$x_1, \cdots, x_N$ を同一の確率分

$p(x;\xi)$ から独立に選ばれた確率変数 x の N 個の観測値としよう. $x^N = (x_1, \cdots, x_N)$ と書くことにすると, 観測された N 個のデータ x^N に, そのもとにある確率分布 $p(x;\xi)$ は何であるかを推測するのが, 統計的推論である. たとえば, ξ の推定値 $\hat{\xi}$ を求める**推定**や, 仮説 $H_0 : \xi = \xi_0$ を対立仮説 $H_1 : \xi \neq \xi_0$ のもとで**検定**する仮説検定などが考えられる.

統計的モデルである多様体 S に, Fisher 情報行列にもとづく Riemann 計量と α-接続が導入されることはすでにみた. x^N の確率分布は, 1 個のデータの分布をもとに

$$p_N(x^N;\xi) = \prod_{t=1}^{N} p(x_t;\xi)$$

と書けるから,

$$\log p_N(x^N;\xi) = \sum_{t=1}^{N} \log p(x_t;\xi) \tag{4.1}$$

である. x^N を確率変数とみると, $S_N = \{p(x^N;\xi)\}$ は $S = S_1$ と同じく ξ を座標系とする多様体である. しかし, そこに導入される幾何学構造は, 式(4.1)から定義に従って計算すると,

$$g_{ij}^{~N}(\xi) = N g_{ij}(\xi) \tag{4.2}$$

$$\Gamma_{ij,k}^{(\alpha)N}(\xi) = N \Gamma_{ij,k}^{(\alpha)}(\xi) \tag{4.3}$$

であることがわかる. すなわち, S_N の幾何学は S の幾何学のスケールを単に N 倍したものにすぎない. 見方を変えるならば, S_N の自然基底ベクトル e_i^N は, S のそれを

$$e_i^N = \sqrt{N}\, e_i$$

と一様にスケール変換したものにすぎない. したがって, S^N の幾何学を S と区別して論ずる必要はなく, 単に S の幾何学を調べればそれで十分である.

推定論では, N 個のデータ x^N の関数として推定量

$$\hat{\xi} = \hat{\xi}(x^N) = \hat{\xi}(x_1, \cdots, x_N) \tag{4.4}$$

を定める. x^N を確率変数と考えるならば $\hat{\xi}$ も確率変数であるが, これは真の分布 $p(x;\xi)$ のパラメータ ξ の値に何らかの意味で近いことが要請される. **不偏性**(unbiasedness)はその一つで, $\hat{\xi}$ は ξ のまわりに分布していること, すなわち

§4.1 統計的推論と指数型分布族 57

$$E_\xi[\hat{\xi}] = \xi \tag{4.5}$$

であることを要請する. E_ξ は $p(x\,;\xi)$ または $p_N(x^N;\xi)$ にもとづく期待値である.

推定の良さを平均2乗誤差で計ることがよく行なわれる. これは幾何学的には不変な基準ではなく, 座標系 ξ の取り方に依存する. 平均2乗誤差は, 行列 $E = (e^{ij})$,

$$e^{ij} = E_\xi[(\hat{\xi}^i - \xi^i)(\hat{\xi}^j - \xi^j)] \tag{4.6}$$

で表わされる. 統計学の基本定理である次の Cramér-Rao の定理が推定誤差の限界を表わす.

定理 4.1(Cramér-Rao) 不偏推定量 $\hat{\xi}$ の2乗誤差は, 次の不等式

$$e^{ij} \geqq \frac{1}{N}g^{ij} \tag{4.7}$$

を満たす. ただし, $\geqq$ は (左辺) $-$ (右辺) が非負定値行列になるという意味で用いる. □

ここで, (g^{ij}) は Fisher 情報行列 (g_{ij}) の逆行列である. この定理は, 推定誤差を情報量 Ng_{ij} の逆行列より小さくはできないことを示している. ではいかなるときに, 上記の不等式が等号で達成できるのであろうか. これには二つの場合がある. 一つは N が十分に大きいときを考える**漸近論**(asymptotics)の場合である. このときは, 不偏性も漸近不偏性, つまり

$$\lim_{N \to \infty} E_\xi[\hat{\xi}_N] = \xi \tag{4.8}$$

でよい. ただし推定量が N 個の測定によることを $\hat{\xi}_N$ で陽に示した.

まず, **最尤推定量**(maximum likelihood estimator)を定義しておこう. x^N が与えられたとき, $p_N(x^N;\xi)$ を ξ の関数とみて, これを尤度関数という. 最尤推定量 $\hat{\xi}_{\text{m.l.e.}}$ とは,

$$\max_\xi p_N(x^N;\xi) = p_N(x^N;\hat{\xi}_N) \tag{4.9}$$

を満たす $\hat{\xi}_N$, つまり尤度を最大にするパラメータ ξ の値のことである.

定理 4.2 最尤推定量 $\hat{\xi}_{\text{m.l.e.}}$ は Cramér-Rao の不等式を漸近的に等号で達成する. すなわち

$$\lim_{N \to \infty} Ne^{ij} = g^{ij} \tag{4.10}$$

である.

このとき，推定誤差は

$$e^{ij} = \frac{1}{N}g^{ij} + O\left(\frac{1}{N^2}\right)$$

と書けるから，最尤推定量の2乗誤差は N^{-1} のオーダーで最良のものであり，次は N^{-2} のオーダーの項がどうであるかを議論することになる．これが本章で扱う統計的推論の**高次漸近理論**である．

定理4.2から，$\hat{\xi}_{\text{m.l.e.}}$ は $N \to \infty$ で真の値 ξ に確率収束することがわかる．このような推定量を**一致推定量**(consistent estimator)という．上記の定理は，$\hat{\xi}_{\text{m.l.e.}}$ が一致推定量であることを示している．さらに強く $\hat{\xi}$ は ξ のまわりに共分散行列 $N^{-1}(g^{ij})$ の正規分布に漸近することが示せる．

漸近論ではなくて，N が有限の値のときに，Cramér-Rao の限界が等号で達成できる場合がある．これは指数型分布族

$$p(x\,;\theta) = \exp\{C(x) - \theta^i F_i(x) - \phi(\theta)\} \qquad (4.11)$$

で，パラメータとして m-アファインな $\eta = (\eta_i)$ 座標系

$$\eta_i(\theta) = E_\theta[F_i(x)]$$

を用いたときに限られる．この意味で，指数型分布族とその η-座標系は特別な意味を持つといえる．これについては次節で述べよう．

§4.2 指数型分布族における統計的推論

指数型分布族(4.11)において，n 個の関数 $F_1(x), \cdots, F_n(x)$ は確率変数である．これを新しく

$$x_i = F_i(x) \qquad (i=1, \cdots, n)$$

という確率変数とみなし，$x = (x_1, \cdots, x_n)$ とおく．また，n 次元の確率変数 $x = (x_i)$ の確率密度を

$$d\mu(x) = \exp\{C(x)\}dx$$

という測度のもとで定義すれば，(4.11)は一般性を失うことなく

$$p(x\,;\theta) = \exp\{\theta^i x_i - \phi(\theta)\} \qquad (4.12)$$

の形で書くことができる．以下この形で議論を進める．

§4.2 指数型分布族における統計的推論

例4.1(正規分布族：例2.1, 例2.4 参照)　二つのパラメータ (μ, σ) によって確率密度関数が

$$p(x\,;\mu, \sigma) = \frac{1}{\sqrt{2\pi}\,\sigma} \exp\left\{-\frac{1}{2\sigma^2}(x-\mu)^2\right\}$$

と書ける確率分布族を考える．これは正規分布の作る 2 次元の空間で，これは

$$p(x\,;\mu, \sigma) = \exp\left\{\frac{\mu}{\sigma^2}x - \frac{1}{2\sigma^2}x^2 - \frac{\mu^2}{2\sigma^2} - \log(\sqrt{2\pi}\,\sigma)\right\}$$

と書き直せる．ここで新しい座標系 $\theta = (\theta^1, \theta^2)$ として

$$\theta^1 = \frac{\mu}{\sigma^2}, \quad \theta^2 = -\frac{1}{2\sigma^2}$$

を用い，新しい確率変数 $x = (x_1, x_2)$ として

$$x_1 = F_1(x) = x, \quad x_2 = F_2(x) = x^2$$

を用いれば，これは

$$p(x\,;\theta) = \exp\{\theta^i x_i - \psi(\theta)\}$$

$$\psi(\theta) = \frac{\mu^2}{2\sigma^2} + \log(\sqrt{2\pi}\,\sigma)$$

の指数型分布族をなすことがわかる．ここで期待値パラメータ $\eta = (\eta_1, \eta_2)$ は

$$\eta_1 = E[x_1] = \mu$$

$$\eta_2 = E[x_2] = E[x^2] = \mu^2 + \sigma^2$$

である．　　　　　　　　　　　　　　　　　　　　　　　　　　□

　指数型分布族の空間は双対平坦であり，自然パラメータ θ がその e-アファイン座標系を，期待値パラメータ

$$\eta_i = E_\theta[x_i]$$

がその m-アファイン座標系を与えることを前にみた．さらに，x_i の分散を計算すると，

$$E_\theta[(x_i - \eta_i)(x_j - \eta_j)] = g_{ij}(\theta)$$

が成立する．ここで，g_{ij} は自然パラメータに関する Fisher 情報行列であり，

$$g_{ij}(\theta) = \partial_i \partial_j \psi(\theta), \quad \partial_i = \frac{\partial}{\partial \theta^i} \tag{4.13}$$

$$g^{ij}(\eta) = \partial^i \partial^j \varphi(\eta), \quad \partial^i = \frac{\partial}{\partial \eta_i} \tag{4.14}$$

で，g^{ij} と g_{ij} は互いに逆行列になっており，

60 第4章 統計的推論の微分幾何

$$\eta_i = \partial_i \psi(\theta), \qquad \theta^i = \partial^i \varphi(\eta) \tag{4.15}$$

であった.

指数型分布族において，N 回の独立な測定 $x^N = x_1 x_2 \cdots x_N$ を考えよう. その確率分布は

$$p_N(x^N ; \theta) = \prod_{t=1}^{N} p(x_t ; \theta) = \exp[N\{\theta^i \bar{x}_i - \psi(\theta)\}] \tag{4.16}$$

とかける. ここに

$$\bar{x} = \frac{1}{N} \sum_{t=1}^{N} x_t \tag{4.17}$$

である（x_t はベクトル x の第 t 成分ではなくて，x の t 回目の測定値を表わすベクトル，$\bar{x}_i$ はベクトル $\bar{x}$ の第 i 成分である）. すなわち，nN 個の成分をもつ x^N の確率分布 p_N は，実は n 個の成分をもつ変量 $\bar{x}$ の関数で表わせた. これは，統計的推論を x^N にもとづいて実行するときに，データを圧縮してその関数である $\bar{x}$ のみを保持し，これにもとづいて推論を行なっても十分によい結果が得られることを保証する（Rao-Blackwell の定理）.

一般に，確率分布 $p(x ; \xi)$ において，x の関数 $y(x)$ があって，

$$p(x ; \xi) = p(x | y) q(y ; \xi)$$

のような分解ができるとき，すなわちパラメータ ξ に依存する部分が $y(x)$ であるように書けるとき，y を**十分統計量**(sufficient statistics)といった（§2.3）. 指数型分布族 $p_N(x^N ; \xi)$ においては，$y = \bar{x}(x^N)$ とおけば，$\bar{x}$ は x^N に対して十分統計量になっている.

指数型分布族の空間 S の中に η-座標系をとり，観測値 x^N に対応して

$$\hat{\eta} = \bar{x} \tag{4.18}$$

という座標をもつ点を考えよう. こうすると，x^N の十分統計量 $\bar{x}$ は S の1点 $\hat{\eta}$（η-座標の値が $\bar{x}$ であるような点）を一つ定める. これを**観測点**(observed point)と呼ぼう. $\hat{\eta}$ は実はパラメータ η の最尤推定でもある. いま，θ-座標系で最尤推定を考えると，

$$\max\{\theta^i \bar{x}_i - \psi(\theta)\}$$

を求めるために上式を θ で微分すれば，

$$\bar{x}_i = \partial_i \psi(\hat{\theta})$$

が得られる. $\hat{\theta}$ が最尤推定であるが, その η-座標系での表現は

$$\hat{\eta} = \bar{x}$$

となっていることが確認できる.

明らかに

$$E_\theta[\bar{x}] = \eta$$

$$E[(\bar{x}_i - \eta_i)(\bar{x}_j - \eta_j)] = \frac{1}{N} g_{ij}(\eta)$$

が成立する. (これは

$$g_{ij} = E[\partial_i l \, \partial_j l]$$

から確認できる.) η-座標系に関する Fisher 情報行列は $(g^{ij}) = (g_{ij})^{-1}$ なので, この場合 Cramér-Rao の不等式限界が等号で達成できる. (逆に Cramér-Rao の不等式が等号で達成されるのは, 指数型分布族において η-座標系をパラメータとして取ったときだけであることも証明できる.) 中心極限定理から, $\hat{\eta}$ は η を中心に分散 $N^{-1} g_{ij}$ の正規分布に漸近することが確かめられる.

§4.3 曲指数型分布族における推論

曲指数型分布族(curved exponential family)とは, 指数型分布族の空間の中で滑らかな部分多様体をなす確率分布の集まり, つまり指数型分布族に滑らかに埋め込まれた分布族をいう. 指数型分布族の空間の次元を n, 曲指数型分布族の次元を m とすると, これを (n, m)-曲指数型分布族という. 曲指数型分布族 M の座標系を $u = (u^a)$, $a = 1, \cdots, m$, としよう. u の指定する確率分布は S の中に入っているから, その θ-座標を

$$\theta = \theta(u) \tag{4.19}$$

と書こう. これは S の中での部分空間 M のパラメータ表示と考えられる. M の確率分布は

$$p(x ; u) = \exp\{\theta^i(u) x_i - \psi(\theta(u))\} \tag{4.20}$$

と書ける. これを η-座標で表現して

$$\eta = \eta(u) \tag{4.21}$$

と書くこともできる.

62　　　　　　　　第4章　統計的推論の微分幾何

例 4.2　ε を平均 0，分散 1 の標準正規分布 $N(0,1)$ に従う確率変数とする．強さ 1 の信号に大きさ ε の雑音が加わり，これが u 倍されて信号

$$x = u(1+\varepsilon)$$

となったものが観測されるとしよう．x を何回か独立に観測したデータをもとに倍率 u を推定したい．x は平均 u，分散 u^2 の正規分布に従う．したがって，正規分布の満たす 2 次元の空間 S の中で，

$$\mu = u, \quad \sigma^2 = u^2$$

の関係を満たす確率分布の全体 $M = \{p(x\,;u)\}$ を考えていることになる．

M は 1 次元の u をパラメータとする $(2,1)$ 曲指数型分布族で，正規分布族 S の中の曲線であり，その方程式は，θ-座標系では

$$\theta^1 = \frac{1}{u}, \quad \theta^2 = -\frac{1}{2u^2}$$

η-座標系では

$$\eta_1 = u, \quad \eta_2 = 2u^2$$

となっている（図 4.1）．　　　　　　　　　　　　　　　　　　　　□

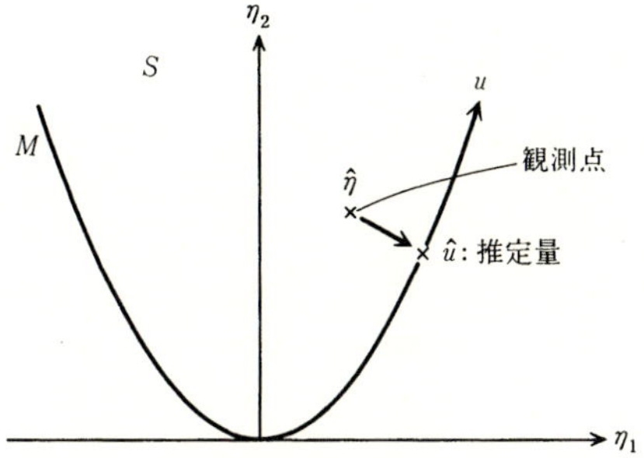

図 4.1　曲指数型分布族 M の一例

データ $x_1, \cdots, x_N$ が観測されたとしよう．このとき，S の中でその η-座標が $\bar{x}$ である点，すなわち，$\hat{\eta} = \bar{x}$ という η-座標をもつ点が一つ決まる．これを観測点と呼んだ．$\bar{x}$ は十分統計量であるから，真の分布 $p(x\,;u)$ を指定するパラメータ u の推定値 $\hat{u}$ は，$\hat{\eta}$ の関数 $\hat{u} = e(\hat{\eta})$ として求めればよい．

推定方式として関数 $e(\hat{\eta})$ を一つ定めることは，幾何学的にいえば，S から M への写像

$$e: S \longrightarrow M, \quad \hat{\eta} \longmapsto \hat{u} = e(\hat{\eta})$$

すなわち，S の点 $\hat{\eta}$ を M の点 $\hat{u}$ に写す写像を与えることである．推定 e の逆写像，つまり推定によって同じ点 u を与える S の点の全体は，一般に S の $n-m$ 次元の部分空間をなす．これを

$$A(u) = e^{-1}(u) = \{\eta \,|\, e(\eta) = u\} \tag{4.22}$$

と書き，M の点 u にともなう**推定部分多様体**(estimating submanifold)と呼ぼう．推定方式を一つ与えると，空間 S は推定部分多様体の集まりに分解される．図4.2を参照されたい．

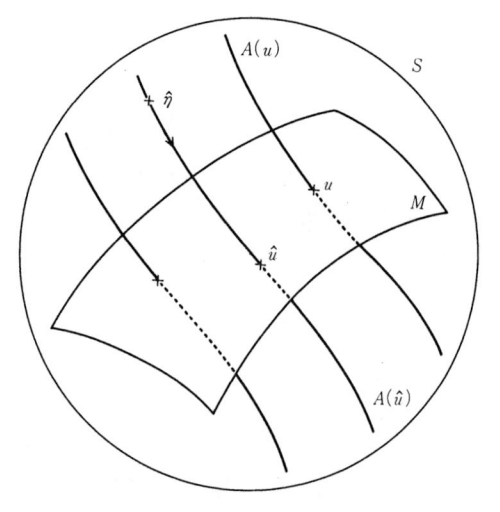

図4.2 推定部分多様体 $A(u)$

こうして見ると，推定の特性は，推定部分多様体 $\{A(u)\}$ と統計的モデル M の幾何学的形状によってすべて定まってしまうことが見てとれる．あとで述べる検定についても同様のことがいえる．

§4.4 推定の高次漸近理論

標本数 N が十分大きいときにどのような性質が現われるかを見るのが漸近理論である．いま，真の確率分布を $p(x\,;u)$ として推定量 $\hat{u}$ が u にどのくらい近いかを議論する．推定量の性質として，§4.1で述べた**不偏性**(unbiasedness)と**一致性**(consistency)が重要なので，もう一度説明しておこう．

64   第4章 統計的推論の微分幾何

$\hat{u}$ は観測された N 個の値 $x_1, \cdots, x_N$ に依存する確率変数である(実は $\bar{x}$ の関数). $\hat{u}$ の期待値が真の値に等しいとき, すなわち

$$E[\hat{u}] = u$$

を満たすとき, $\hat{u}$ は**不偏**(unbiased)であるという. また, 標本数 N が大きくなるにつれて偏りがなくなるとき, すなわち

$$\lim_{N \to \infty} E[\hat{u}] = u$$

が成立するとき, 漸近的に不偏であるという. また, N が大きくなるとき $\hat{u}$ が u に確率収束するならば, $\hat{u}$ は**一致性**を持つという.

まず, 一致性をもつ推定量 $\hat{u}$ の幾何学を調べよう. 真の分布が u のとき, 確率変数 x の期待値は $\eta(u)$ である. したがって, 大数の法則により, $\bar{x}$ は真の分布の η-座標である点 $\eta(u)$ に確率1で収束する. だから, u に対応する推定部分空間 $A(u)$ が $\bar{x}$ の収束先である $\eta(u)$ を含むことが一致性の必要十分条件である. 点 $\eta(u)$ はもちろん M に属しているから, M と $A(u)$ とは点 $\eta(u)$ で交わることになる.

推定部分空間 $A(u)$ が標本数 N に依るような推定方式, すなわち $e_N(\eta)$ が N による方式も考えられる. このときは, $N \to \infty$ の条件で $A_N(u) = e_N^{-1}(u)$ が点 $\eta(u)$ を含めば一致性が成立する.

一致推定量 $\hat{u}$ を与えたとき, その推定誤差を評価しよう. 観測点 $\hat{\eta} = \bar{x}$ は $N \to \infty$ とすると真の点 $\eta(u)$ に収束するから, N が十分に大きいときは $\hat{\eta}$ は $\eta(u)$ のごく近くに分布する. したがって, 点 $\eta(u)$ における S の接空間を考え, $\hat{\eta}$ はこの接空間上の点としてすべてを点 $\eta(u)$ において線形化して考えてよい. $\bar{x}$ の期待値からのずれを $\sqrt{N}$ 倍に拡大して考えると,

$$\tilde{x} = (\tilde{x}_i), \qquad \tilde{x} = \sqrt{N}\{\bar{x} - \eta(u)\} \tag{4.23}$$

は中心極限定理により, 平均0, 共分散行列 $g_{ij}(u)$ の正規分布に従う. $g_{ij}(u)$ は正式には $g_{ij}\{\eta(u)\}$ のことで, 分布 $p(x ; u)$ のもとでの x の共分散行列であり, 点 $\eta(u)$ における S の接空間 $T_{\eta(u)}$ の計量行列である.

空間 S は, 図4.3に見るように, $A(u)$ の族で覆われている. $A(u)$ は M の点 u を通るから, ここを原点として部分空間 $A(u)$ の内部に座標系 v を導入しよう. $A(u)$ は $n-m$ 次元だから, v の座標系の指標を κ, λ などで表わす

§4.4 推定の高次漸近理論 65

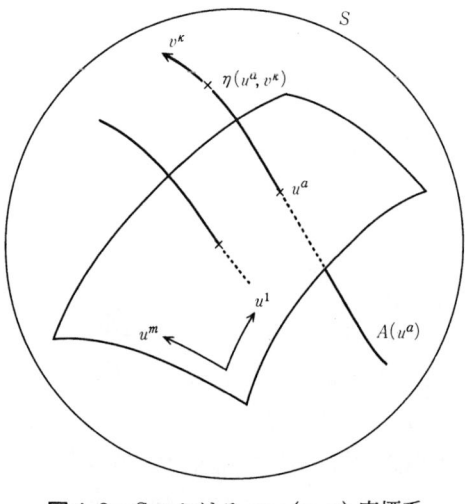

図4.3 S における $w=(u, v)$ 座標系

こととし，κ は $m+1, m+2, \cdots, n$ を走ることにする．

こうすると，S の点 η は，それがどの $A(u)$ に入っているかを指定する u と $A(u)$ の中での位置を指定する v を用いて，対 (u, v) で指定される．$w=(u, v)$ を S の新しい座標系と考えよう．指標を用いるときは

$$w = (w^a) = (u^a, v^\kappa)$$

のように表わし，a は 1 から n，a は 1 から m，κ は $m+1$ から n までを走る．このとき，η-座標は w-座標を用いて

$$\eta = \eta(w) = \eta(u, v) \tag{4.24}$$

のように表わせる．これが $w=(u, v)$ 座標から η-座標への座標変換である．$A(u)$ の原点 $v=0$ は M 上にあるから，M 上の点は $\eta(u)=\eta(u, 0)$ と書ける．

観測点 $\hat{\eta}$ の (u, v) 座標を $\hat{w}=(\hat{u}, \hat{v})$ とすれば，これは

$$\hat{\eta} = \eta(\hat{w}) = \eta(\hat{u}, \hat{v}) \tag{4.25}$$

から求まる．$\hat{u}$ は u に近く，$\hat{v}$ は 0 に近いから

$$\tilde{u} = \sqrt{N}(\hat{u}-u), \quad \tilde{v} = \sqrt{N}\,\hat{v}, \quad \tilde{w} = (\tilde{u}, \tilde{v}) \tag{4.26}$$

と規格化する．ここで，式(4.25)を点 $w=(u, 0)$ において Taylor 展開すると，$\hat{w}=w+\dfrac{1}{\sqrt{N}}\tilde{w}$ であるから，成分で表記して

66   第4章　統計的推論の微分幾何

$$\hat{\eta}_i = \bar{x}_i = \eta_i(u,0) + \frac{1}{\sqrt{N}}\partial_a\eta_i(u,0)\,\tilde{w}^a + \frac{1}{2N}(\partial_a\partial_\beta\eta_i)\,\tilde{w}^a\tilde{w}^\beta$$

$$+ \frac{1}{6N\sqrt{N}}(\partial_a\partial_\beta\partial_\gamma\eta_i)\,\tilde{w}^a\tilde{w}^\beta\tilde{w}^\gamma + O\!\left(\frac{1}{N^2}\right) \tag{4.27}$$

と書ける．右辺第1項を左辺に移項し，$\sqrt{N}$ 倍すれば

$$\tilde{x}_i = B_{ai}(u)\,\tilde{w}^a + \frac{1}{2\sqrt{N}}C_{a\beta i}\tilde{w}^a\tilde{w}^\beta$$

$$+ \frac{1}{6N}D_{a\beta\gamma i}\tilde{w}^a\tilde{w}^\beta\tilde{w}^\gamma + O\!\left(\frac{1}{N\sqrt{N}}\right) \tag{4.28}$$

が得られる．ここで，B, C, D は η の w による微係数で，

$$B_{ai}(u) = \partial_a\eta_i(u,0), \quad C_{a\beta i} = \partial_a\partial_\beta\eta_i(u,0)$$

などである．

　はじめに $1/\sqrt{N}$ 以下の項を省略する線形近似理論を展開しよう．これが通常の推定の漸近理論である．座標系 $\eta = (\eta_i)$ の自然基底を

$$e^i = \frac{\partial}{\partial\eta_i} = \partial^i$$

とし，座標系 $w = (w^a)$ の自然基底を

$$e_a = \frac{\partial}{\partial w^a} = \partial_a$$

とする．これらは真の分布の点 $\eta(u)$ における S の接空間 $T_{\eta(u)}$ の基底である．$\{e_a\}$ は $\{e_a\} \cup \{e_\kappa\}$ と二つの和に分解できて，M の接空間は

$$e_a = \frac{\partial}{\partial u^a} \qquad (a=1, \cdots, m)$$

が張り，$A(u)$ の接空間は

$$e_\kappa = \frac{\partial}{\partial v^\kappa} \qquad (\kappa=m+1, \cdots, n)$$

が張る．これらの全体が $T_{\eta(u)}$ を張る．

　行列 B_{ai} は B_{ai} の部分と $B_{\kappa i}$ の部分とに分解できる．これらは

$$e_a = B_{ai}e^i, \quad e_\kappa = B_{\kappa i}e^i$$

からわかるように，$w = (u,v)$ の各座標軸の接ベクトルを基底 $\{e^i\}$ で表わしたときの成分である．基底ベクトルの内積は計量を与える．それぞれの基底で計量は

§4.4 推定の高次漸近理論

$$g^{ij} = \langle e^i, e^j \rangle$$
$$g_{\alpha\beta} = \langle e_\alpha, e_\beta \rangle = B_{\alpha i} B_{\beta j} g^{ij} \tag{4.29}$$

となっている．w-座標系における計量行列 $g_{\alpha\beta}$ は

$$g_{\alpha\beta} = \begin{bmatrix} g_{ab} & g_{a\lambda} \\ g_{\kappa b} & g_{\kappa\lambda} \end{bmatrix} \tag{4.30}$$

に分解できる．

$$g_{ab} = \langle e_a, e_b \rangle = B_{ai} B_{bj} g^{ij} \tag{4.31}$$

が M の計量行列で，これが確率分布族 M の Fisher 情報行列になっている．$A(u)$ が M と直交するときは

$$g_{a\kappa} = \langle e_a, e_\kappa \rangle = B_{ai} B_{\kappa j} g^{ij} = 0 \tag{4.32}$$

である．

関係式(4.28)で $1/\sqrt{N}$ 以下の項を省略すると，線形関係式

$$\tilde{w}^a = B^{ai} \tilde{x}_i \tag{4.33}$$

が得られる．ここに，$(B^{ai}) = (\partial^i w^a)$ は (B_{ai}) の逆行列で，(4.29)より

$$B^{ai} = g^{\alpha\beta} g^{ij} B_{\beta j} \tag{4.34}$$

と書ける．$(g^{\alpha\beta})$ は $(g_{\alpha\beta})$ の逆行列である．$\tilde{x}_i$ は漸近的に平均 0，共分散行列 (g_{ij}) の正規分布に従うから，その線形変換である $\tilde{w}^a$ も漸近的に平均 0，共分散行列 $(g^{\alpha\beta})$ の正規分布に従う．$\tilde{u}^a$ は推定誤差 $\hat{u}^a - u^a$ の $\sqrt{N}$ 倍であるから，平均 2 乗誤差の N 倍は

$$\bar{g}^{ab} = E[\tilde{u}^a \tilde{u}^b] = NE[(\hat{u}^a - u^a)(\hat{u}^b - u^b)] \tag{4.35}$$

で与えられる．ここに，$(\bar{g}^{ab})$ は行列 $(g_{\alpha\beta})$ の逆行列 $(g^{\alpha\beta})$ の (a, b) 成分となる．行列 $(g_{\alpha\beta})$ を (4.30) のように分解してその逆行列を求めると，

$$(\bar{g}^{ab}) = (g_{ab} - g_{a\kappa} g^{\kappa\lambda} g_{b\lambda})^{-1} \tag{4.36}$$

となる．これは明らかに (g_{ab}) の逆行列 (g^{ab}) より小さくはなくて，正定の意味で，すなわち $(\bar{g}^{ab} - g^{ab})$ が非負定値行列という意味で，

$$\bar{g}^{ab} \geq g^{ab} \tag{4.37}$$

が成立し，等号は $g_{a\kappa} = 0$，すなわち，$A(u)$ が M と直交しているときに限り成立する．

これをまとめると，推定量 $\hat{u}$ は $A(u)$ が $(N \to \infty$ で) $\eta(u)$ を含むときに一致推定量となり，漸近的に不偏で共分散 $\dfrac{1}{N}(\bar{g}^{ab})$ の正規分布に従う．一方，

68 第4章 統計的推論の微分幾何

Cramér-Rao の定理により，(漸近)不偏推定量 $\hat{u}$ の共分散は $\frac{1}{N}(g^{ab})$ より小さくはできない．この限界を漸近的に達成すること，つまり

$$\lim_{N\to\infty} NE\left[(\hat{u}^a-u^a)(\hat{u}^b-u^b)\right] = g^{ab} \tag{4.38}$$

が成立するような推定量を(1次)**有効推定量**(efficient estimator)という．

これまでの結果を定理の形でまとめておこう．

定理4.3　推定量 $\hat{u}$ は，その推定部分空間 $A(u)$ が$(N\to\infty$ で)点 $\eta(u)$ を通るとき，このときに限り一致性を持つ．　　　　　　　　　　　　　　□

定理4.4　一致推定量 $\hat{u}$ の漸近分散 $\bar{g}^{ab}$ は

$$\bar{g}^{ab} = (g_{ab}-g_{a\kappa}g^{\kappa\lambda}g_{b\lambda})^{-1}$$

で与えられ，これは $A(u)$ が M に直交するとき，このときに限り1次有効である．　　　　　　　　　　　　　　　　　　　　　　　　　　　　　□

有効推定量を幾何学的に特徴づけておこう．幾何学的には，g_{ij} を内積を計る計量として観測点 $\hat{\eta}$ を，M に正射影したものが有効推定量を与える．最尤推定量 $\hat{u}_{\text{m.l.e.}}$ は，尤度 $p(x_1,\cdots,x_N;u)$ を最大にする u の値である．この推定量を幾何学的に調べてみよう．点 $\hat{\eta}$ から M の各点へのダイバージェンスを計算すると，$\hat{P}$ を点 $\hat{\eta}$，$P(u)$ を座標 u の M の点として，

$$D(\hat{P}, P(u)) = \phi(u)+\phi(\hat{\eta})-\theta^i(u)\hat{\eta}_i$$
$$= \phi(\hat{\eta})-\frac{1}{N}\log p(x_1,\cdots,x_N;u) \tag{4.39}$$

である．$\hat{\eta}$ は観測量であるから $\phi(\hat{\eta})$ は u によらない．したがって，点 $\hat{\eta}$ からのダイバージェンスを最小にする M の点 u は，尤度 $p(x_1,\cdots,x_N;u)$ を最大にする点であり，この u が最尤推定量 $\hat{u}_{\text{m.l.e.}}$ である．ダイバージェンスを最小にする点は，点 $\hat{\eta}$ から M への m-測地線による直交射影であった．このときの $A(u)$ は M と直交する m-測地線からなる．すなわち，最尤推定量は有効推定量であることがわかる．

線形近似による接空間での話を展開した．$1/\sqrt{N}$, $1/N$ の項を省略せずに議論すれば，$A(u)$ の接空間だけでなく，曲率などその形が関係してくる．こうして有効推定量の中で，どのような推定量がさらによいかが $A(u)$ の形状を通じて明らかになる．

§4.4 推定の高次漸近理論

高次漸近理論の概略を記そう．式(4.28)より，(4.33)をよりくわしく

$$\tilde{w}^\alpha = B^{\alpha i}\tilde{x}_i - \frac{1}{2\sqrt{N}}C_{\beta\gamma}{}^\alpha\tilde{w}^\beta\tilde{w}^\gamma$$

$$- \frac{1}{6N}D_{\beta\gamma\delta}{}^\alpha\tilde{w}^\beta\tilde{w}^\gamma\tilde{w}^\delta + O\left(\frac{1}{N\sqrt{N}}\right) \qquad (4.40)$$

と評価しよう．これを使って，$\tilde{w}^\alpha$ の確率分布を求めればよい．そのためには，$\tilde{w}^\alpha$ のモーメントを計算する．まず，$\tilde{w}^\alpha$ の期待値を評価すると，$E[\tilde{x}_i]=0$，$E[\tilde{w}^\beta\tilde{w}^\alpha]=g^{\beta\alpha}+O\left(\frac{1}{N}\right)$ より

$$E[\tilde{w}^\alpha] = -\frac{1}{2\sqrt{N}}C^\alpha + O\left(\frac{1}{N}\right) \qquad (4.41)$$

$$C^\alpha = C_{\beta\gamma}{}^\alpha g^{\beta\gamma}$$

であることがわかる．一般に，$A(u)$ が $\eta(u)$ を含むときでも，推定量 $\hat{u}$ は $C^\alpha(u)$ を係数とする $1/N$ のオーダーのバイアスを含む．これは $N\to\infty$ で 0 となる．ここで，推定量のバイアスを減らすために，バイアス $C^\alpha(u)$ の代わりに $C^\alpha(\hat{u})$ を用いて $\hat{u}$ のバイアスを補正する．こうして得られる

$$\hat{u}^{*\alpha} = \hat{u}^\alpha + \frac{1}{2N}C^\alpha(\hat{u}) \qquad (4.42)$$

をバイアス補正推定量と呼ぶ．このとき $\hat{u}^*$ のバイアスは

$$E[\hat{u}^*] = O\left(\frac{1}{N^2}\right)$$

になっている．

$\hat{u}^*$ の確率分布を求めるには，まず $\tilde{w}^*$ の確率分布を求め，それを $\tilde{v}^*$ について積分すればよい．$\tilde{w}^*$ の確率分布を求めるのに，これが平均 0，共分散行列 $g^{\alpha\beta}$ の正規分布 $n(\tilde{w};g_{\alpha\beta})$ に漸近することを利用する．その補正項を A_N とし，

$$p(\tilde{w}^*) = n(\tilde{w}^*;g_{\alpha\beta})\{1+A_N(\tilde{w}^*)\}$$

の形に書こう．A_N を $\tilde{w}^*$ についてのテンソル Hermite 多項式の和に展開する．各項は $\tilde{w}^*$ のモーメントを(4.28)から求め，$1/\sqrt{N}$ および $1/N$ のオーダーの項まで計算することで求まる．このような展開を Edgeworth 展開という．

詳細な計算は，たとえば巻末の参考書で文献 [1] にゆずり，ここでは結論のみを記すことにする．

定理4.5 バイアス補正した1次有効推定量の平均2乗誤差は，漸近的に

$$NE[(\hat{u}^{*a}-u^a)(\hat{u}^{*b}-u^b)] = g^{ab}+\frac{1}{2N}K^{ab}+O\Big(\frac{1}{N^2}\Big) \quad (4.43)$$

と展開できる. K^{ab} は非負値行列の和に

$$K^{ab} = (\Gamma_M^{(m)})^{2ab}+2(H_M^{(e)})^{2ab}+(H_A^{(m)})^{2ab} \quad (4.44)$$

と分解できる. ここに, $\Gamma_M^{(m)}$ の項は M の m-接続係数, $H_M^{(e)}$ の項はモデル M の埋め込み e-曲率, $H_A^{(m)}$ の項は $A(u)$ の埋め込み m-曲率を表わし,

$$(\Gamma_M^{(m)})^{2ab} = \Gamma^{(m)}{}_{cd}{}^a\Gamma^{(m)}{}_{ef}{}^b\, g^{ce}g^{df} \quad (4.45)$$

$$(H_M^{(e)})^{2ab} = H^{(e)}{}_{ce}{}^{\kappa}H^{(e)}{}_{df}{}^{\lambda}\, g_{\kappa\lambda}g^{cd}g^{ea}g^{fb} \quad (4.46)$$

$$(H_A^{(m)})^{2ab} = H^{(m)}{}_{\kappa\lambda}{}^a H^{(m)}{}_{\mu\nu}{}^b\, g^{\kappa\mu}g^{\lambda\nu} \quad (4.47)$$

である. すなわち

$$H^{(e)}{}_{ce}{}^{\kappa} = \langle\nabla_{e_c}^{(e)}\boldsymbol{e}_e, \boldsymbol{e}_\lambda\rangle g^{\lambda\kappa}$$

$$H^{(m)}{}_{\kappa\lambda}{}^a = \langle\nabla_{e_\kappa}^{(m)}\boldsymbol{e}_\lambda, \boldsymbol{e}_b\rangle g^{ba} \qquad \qquad □$$

この定理から, いくつかの事実がわかる. 第1に, $\Gamma_M^{(m)}$ の項はテンソルではなくて, M の座標系 u の取り方に依存する. これは2乗誤差はテンソルではなくて座標系の取り方に依存する不変でない量であることに由来する. しかし, 座標系(パラメータ) u を決めれば, これは推定の仕方に関係なく同じ値となる. $\Gamma_M^{(m)}$ は特定の1点 u で 0 になるように座標系 u を定めることはできるが, すべての点で 0 にできるのは M の m-曲率が 0 になるときだけである.

第2に, $H_M^{(e)}$ の項はモデル M の e-曲率を表わしている. M の e-曲率が 0 になるのは, M が S の中で e-線形, つまり M 自身が指数型分布族になるときである. したがって, この項は M の指数型分布族からのずれの度合を表わす e-曲率の分だけ誤差の増加がさけられないことを示している.

最後に, $H_A^{(m)}$ の項は推定部分空間の点 $\eta(u)$ における m-曲率の項が誤差に加わることを示している. したがって, $A(u)$ の m-曲率が 0 になるような推定量が $1/N^2$ の項まで評価した段階で最良の推定量を与える. 前に述べたように, 最尤推定量の作る $A(u)$ は m-平坦で M に直交している. したがって, これは $1/N^2$ の項まで評価したときの最良の推定量である.

定理4.6 バイアス補正を行なった最尤推定量 $\hat{u}^*$ は, $1/N^2$ の項まで評価しても最良の推定量である. □

最尤推定量こそが "最良" の推定量であることを示すのが, R. A. Fisher の

永年の夢であった．その夢は上記の定理の形で漸近的に示されたのである．バイアス補正の工夫は C. R. Rao が行ない，その最良性は高次の漸近理論として，Rao, Ghosh, Pfanzagl, Chibisov, Efron, 竹内-赤平らによって証明された．その幾何学構造，とくにモデルの e-曲率との関連を指摘したのは B. Efron である．e-曲率，m-曲率を含む完全な微分幾何学的考察は甘利が与えた．

　誤差の $1/N^3$ の項まで評価したらどうなるであろうか．最近，狩野はこのような推定量を構成した．これは最尤推定量ではない．また，誤差の展開(4.43)は漸近展開であって，項数を多くとると収束するわけではない．

§4.5　情報量の分解定理

　観測データがその分布に関して持つ情報量は Fisher 情報量で表わされる．1個の観測データ x は g_{ab} だけの情報を持ち，N 個のデータを総合した $\bar{x}$ は Ng_{ab} だけの情報を含む．いま，

$$y = f(\bar{x})$$

を $\bar{x}$ の関数である統計量としよう．f が双射でないならば y から $\bar{x}$ を復元することはできないから，y の持つ Fisher 情報量は Ng_{ab} より一般に少ない．y の持つ Fisher 情報量とは，真のパラメータを u としたときの y の確率密度 $p(y\,;u)$ をもとに，$\partial_a \log p(y\,;u)$ の共分散行列

$$g_{ab}(Y) = E[\partial_a \log p(y\,;u)\partial_b \log p(y\,;u)] \tag{4.48}$$

で与えられる．

　Fisher 情報量 $g_{ab}(\bar{X})$ は $\partial_a l(\bar{x}\,;u)$ の共分散行列であった．$\bar{x}$ の空間を $y=f(\bar{x})$ の値が一定のものを集めた $f^{-1}(y)=\{\bar{x}\,|\,f(\bar{x})=y\}$ を一つのクラスと考え，$\bar{x}$ の空間をこのようなクラスに分割する．このとき，$\partial_a l(\bar{x}\,;u)$ の分散は，各クラス $f^{-1}(y)$ 内における分散の y についての期待値と，クラス間での $\partial_a \log p(y\,;u)$ の分散 $g_{ab}(Y)$ の和に分解できる．これを式で書くと，

$$g_{ab}(\bar{X}) = g_{ab}(Y) + E[\mathrm{Cov}[\partial_a l(\bar{x}\,;u),\partial_b l(\bar{x}\,;u)|y]] \tag{4.49}$$

となる．$g_{ab}(Y)$ はクラス間分散に対応し，$\mathrm{Cov}[\cdot,\cdot|y]$ は条件付き共分散でクラス内分散である．

$$\varDelta g_{ab} = E[\mathrm{Cov}[\partial_a l,\partial_b l|y]] \tag{4.50}$$

は情報を $\bar{x}$ から y へ縮約したことによる情報量の損失である.

$\bar{x}$ をもとに推定量 $\hat{u}$ を得る演算は情報損失過程である. $\hat{u}$ を1次の有効推定量とするとき, $\bar{x}$ から $\hat{u}$ への変換の情報量損失は1のオーダーの量となり, 1個あたりの情報量損失は漸近的に0に近づく. この情報量損失は, $\tilde{w}$ の確率分布をもとに容易に計算できる.

定理4.7 1次有効推定量 $\hat{u}$ の情報量損失は

$$\Delta g_{ab} = (H_M^{(e)})^2{}_{ab} + \frac{1}{2}(H_A^{(m)})^2{}_{ab} + \mathrm{O}\left(\frac{1}{N}\right) \tag{4.51}$$

である. □

この定理は, N 個の観測は N のオーダーの情報量 Ng_{ab} を持つが, 有効推定量はその大部分を保持し, わずかに1のオーダーの情報量損失があるにすぎないことを示している. さらに, 推定量の平均2乗誤差の $1/N^2$ の項(4.44)には, この情報量損失分が加わっている.

では失った情報量はどこにいったのであろうか. この情報を推論に役立てることはできないのであろうか. まず失った情報がどこにあるかを示そう. $\hat{u}$ を高次の有効推定量, とくに最尤推定量とする. このとき, $\bar{x} = \eta(\hat{u}, \hat{v})$ によって, データは $(\hat{u}, \hat{v})$ の組で表わされる. このうち $\hat{u}$ が大部分の Fisher 情報量を含むことを見た.

点 $\eta(\hat{u})$ での S の接空間 $T_u(S)$ は M の接方向と $A(\hat{u})$ の接方向とに直和分解される.

$$T_u(S) = T_u(M) \oplus T_u(A)$$

$T_u(A)$ の基底は e_κ である. $T_u(A)$ の中で, M の曲率方向をまず取り出そう. M の埋め込み e-曲率は, e_b を e_a 方向に動かしたときの e-接続による変化の直交成分,

$$H_{ab}^{(e)\kappa} = \langle \nabla_{e_a}^{(e)} e_b, e_\kappa \rangle$$

で表現される. ここで

$$e_{ab}^{(e)} = H_{ab}^{(e)\kappa} e_\kappa, \quad a, b = 1, \cdots, m \tag{4.52}$$

が M の e-曲率方向を表わすベクトルの集まりである.

同様に, さらに高次の埋め込み e-曲率(曲率方向の変化率)を定義しよう. それには,

§4.5 情報量の分解定理　　　　73

$$\nabla^{(e)}_{e_a} \nabla^{(e)}_{e_b} e_c$$

を計算し，このベクトルから $T_u(M)$ および $\{e^{(e)}_{ab}\}$ 方向の成分を差し引いたこれらに直交する成分を

$$e^{(e)}_{abc} = H^{(e)\kappa}_{abc} e_\kappa \tag{4.53}$$

とおく．このようにして高次の曲率方向が順に定義される．

ここで，$\hat{v}^\kappa e_\kappa$ を $T_u(A)$ のベクトルと考え，これを高次曲率の各方向に分解する．1次の曲率方向の成分は

$$\hat{r}_{ab} = H^{(e)}_{ab\kappa} \hat{v}^\kappa \tag{4.54}$$

さらに2次の曲率方向の成分は

$$\hat{r}_{abc} = H^{(e)}_{abc\kappa} \hat{v}^\kappa \tag{4.55}$$

と順に分解できる．統計学の言葉でいえば，$\hat{r}_{ab}, \hat{r}_{abc}, \cdots$ は尤度の高階微分列

$$\partial_a l(\bar{x}, u), \quad \partial_a \partial_b l(\bar{x}, u), \quad \partial_a \partial_b \partial_c l(\bar{x}, u), \quad \cdots$$

を順に直交化し，これを点 $\hat{u}$ で評価することで得られる．

いま，$\hat{u}$ とこれら $p-1$ 次までの統計量をまとめて

$$s^{(p)} = \{\hat{u}, \hat{r}_{ab}, \cdots, \hat{r}_{a_1 \cdots a_p}\}$$

とおく．また，M の p 階の e-曲率を

$$(H^{(e)}_{M,p})^{2ab}$$

と書く．これは2階のときの(4.46)と同様に定義する．このとき，Fisher 情報量がどこに分配されているかが次の定理で示される．

定理 4.8　統計量として $s^{(p)}$ を保持するとき，これにより失われる Fisher 情報量は

$$\Delta g_{ab}(s^{(p)}) = N^{-p+1}(H^{(e)}_{M,p})^2_{ab} + O(N^{-p}) \tag{4.56}$$

である．また，$\bar{x}$ の保持する Fisher 情報量 $g_{ab}(\bar{X})$ は

$$N g_{ab} = g_{ab}(\hat{U}) + \sum_{p=1}^{\infty} N^{-p+1}(H^{(e)}_{M,p})^2_{ab} \tag{4.57}$$

によって高次曲率方向の寄与分にその次数ごとにオーダーを変えて分解できる．　　　　□

情報量の大部分は最尤推定量 $\hat{u}$ に含まれている．失われた情報量，たとえば $\hat{v}$ の曲率方向の成分 $\hat{r}_{ab}$ は統計的推論の役には立たないのだろうか．確かにこの情報を利用しても，推定量 $\hat{u}$ 自身をよりよくすることはできない．しか

し，$\hat{r}_{ab}$ を知っていれば，$\hat{u}$ の精度に関する情報が得られる．

定理4.9 補助情報 $\hat{r}_{ab}$ がわかっているときの推定量 $\hat{u}$ の条件付き共分散行列は

$$NE\left[(\hat{u}^a - u^a)(\hat{u}^b - u^b)\right] = g^{ab} + \hat{r}^{ab} + O\left(\frac{1}{N}\right) \tag{4.58}$$

である． ☐

$\hat{r}_{ab}$ を捨ててしまったあとでは，$\hat{u}$（または $\hat{u}^*$）の共分散は式(4.43)で与えられた．これに対して，$\hat{r}_{ab}$ は $\hat{u}$ の信頼性に関してより細かい $1/\sqrt{N}$ のオーダーの情報を与えていることがわかる．

$\hat{r}_{ab}$ のように，それ自体は情報量を(少ししか)含まない統計量を**補助統計量**(ancillary statistics)という．統計学では，補助統計量が得られるときに状況をこの値により分類し，補助統計量による条件付き推論を行なうのが良いという"神話"がある．しかしよく調べると，補助統計量は情報を含まないから良いのではなく，それだけでは情報を含まなくとも推定量 $\hat{u}$ を補う最大の情報量(条件付き情報量)を含むから良いことがわかる．

§4.6 検定の高次漸近理論

推定と並んで統計的推論の柱となっているのが**検定**(test)である．区間推定は検定と表裏一体となっていてここから導かれる．本節では，1次元の曲指数型分布族 $M = \{p(x \, ; u)\}$ の枠内で検定の幾何学理論のあらましを述べよう．

仮説 $H_0 : u = u_0$ を対立仮説 $H_1 : u \neq u_0$ のもとで検定する問題を考えよう．観測されたデータ $x_1, \cdots, x_N$ は十分統計量 $\bar{x}$ として総合でき，これは指数型分布族の空間 S の観測点 $\hat{\eta} = \bar{x}$ を与える．通常の検定では検定統計量として $\bar{x}$ の関数 $\lambda(\bar{x})$ を考え，λ がある範囲，たとえば

$$\lambda(\bar{x}) < c \quad \text{または} \quad c_1 < \lambda(\bar{x}) < c_2 \tag{4.59}$$

ならば仮説 H_0 を棄却せずに受容し，λ がこの範囲に入らないときは仮説を棄却する．空間 S で考えれば，(4.59)を満たす $\hat{\eta} = \bar{x}$ の全体は一つの領域をなす．これを受容域 A といい，$\hat{\eta}$ がこの中に入れば H_0 を棄却せず，A の外(これを**棄却域**(critical region)という)にあれば H_0 を棄却する．問題は，A とし

§4.6 検定の高次漸近理論 75

てどのような領域を取れば良い検定ができるかである.

標本数 N が大きくなれば,検定の性能は良くなるであろうから,一般に受容域は N に依存している.これを A_N と書く.

次に,検定 T の**検出力関数**(power function)を定義する.いま,u_0 の近傍で対立仮説を Fisher 情報量と N とを用いて規格化し,

$$u_t = u_0 + \frac{t}{\sqrt{Ng}} \tag{4.60}$$

とおく.真の確率分布のパラメータが u_t であったときに,この仮説を棄却する確率を

$$P_T(t;N) = \mathrm{Prob}\{H_0 \text{を棄却} \mid \text{真の分布は } u_t\} \tag{4.61}$$

とおく.N が大きくなれば,u が u_0 から少しずれてもそのずれが検出できるはずだから,このように規格化するのである.$P_T(t;N)$ を t の関数とみて,これを T の検出力関数という.

$t=0$,つまり u_0 は仮説 H_0 であるから,このとき仮説は棄却されては困る.そこで,これは一定の水準 α に固定することにし

$$P_T(0;N) = \alpha \tag{4.62}$$

とする.α は例えば 5%(0.05)とか 1%(0.01)の値である.また,ここでは t が正負の値を取る両側検定を扱うが,このときは $t=0$ 以外の点の検出力は $t=0$ のときの α よりは大きいという条件として,

$$P_T'(0;N) = 0 \tag{4.63}$$

を付ける.ただし,$'$ を t による微分とする.これを不偏性の条件という.

検出力関数は N によるが,これは $N \to \infty$ で一定の関数に近づく.(4.60)は u_t をそのように定義したもので,t の値が一定ならば対立仮説 u_t は N とともに u_0 に近づくようにしてある.

良い検定とは,条件(4.62),(4.63)のもとで,各 $t(t \neq 0)$ の値で検出力の高い検定のことである.残念なことに,どの t においても一様に他の検定より高い検出力を与える**一様最強力検定**は一般に存在しない.したがって,各検定は t のどの値において優れており,t のどの値において劣っているかが問題となる.これを解析するため,まず検出力関数を

76 　第4章 　統計的推論の微分幾何

$$P_T(t\,;N) = P_{T1}(t) + \frac{1}{\sqrt{N}}P_{T2}(t) + \frac{1}{N}P_{T3}(t) + \mathrm{O}\!\left(\frac{1}{N\sqrt{N}}\right) \quad (4.64)$$

と展開しよう. N が十分大きいとして $P_{T1}(t)$ の項のみを評価するのが1次の漸近理論である. $P_{T1}(t)$ がすべての t において最も高い検定は存在する. これを1次の一様最強力検定または有効検定という.

　検定の幾何学を展開するには, 検定方式 T に関する受容域の境界に注目する. 図4.4 に示すように, 受容域は曲線 M 上の点 $\eta(u_0)$ を挟んで M を横切る1枚または2枚の超曲面に囲まれている.

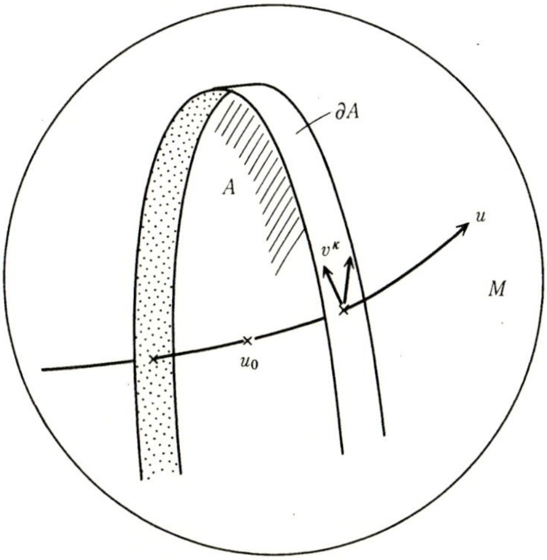

図4.4 　受容域 A

　水準 α を変えれば超曲面の位置が変化する. したがって, この超曲面を推定のときの推定部分多様体の族と考え, ここに座標系 v を導入して, 点 $\hat{\eta}$ を $\hat{\eta} = \eta(\hat{u}, \hat{v})$ によって座標 (u, v) に変換する. すると $(\hat{u}, \hat{v})$ の同時確率分布が受容域の幾何学的特性に依存する形で求まる.

　1次の漸近理論については, すべてを点 $\eta(u_0)$ で線形化し, 接空間で考えればよい. 真の分布が u_t であるとき, $\bar{x}$ は $(u_t, 0)$ を中心に共分散が $N^{-1}g_{ij}$ の正規分布に漸近する. このとき, 受容域の境界となる超曲面が $N \to \infty$ で M と直交しているときに検定は1次有効となる. いま, $u(\alpha)$ を正規分布の両側 $\alpha\%$ 点, つまり

§4.6 検定の高次漸近理論

$$\int_{-u_2(\alpha)}^{u_2(\alpha)} \frac{1}{\sqrt{2\pi}} \exp\left\{-\frac{1}{2}u^2\right\} du = 1-\alpha \tag{4.65}$$

を満たす点としよう. また,

$$\Phi(t) = \int_t^\infty \frac{1}{\sqrt{2\pi}} \exp\left\{-\frac{1}{2}u^2\right\} du \tag{4.66}$$

とおく.

定理 4.10 検定 T は, その受容域の境界超曲面

$$\lambda(\eta) = c_1, \quad \lambda(\eta) = c_2$$

が M と漸近的に直交するときに1次有効で, その検出力関数は

$$P_{T1}(t) = \Phi[u_2(\alpha)-t] + \Phi[u_2(\alpha)+t] \tag{4.67}$$

で与えられる. ☐

いくつかの検定の例を挙げよう.

例 4.3(Wald 検定) これは最尤推定量 $\hat{u}_{\text{m.l.e.}}$ に基づく検定で, 検定統計量として

$$\lambda(\bar{x}) = (\hat{u}(\bar{x})-u_0)^2 g(u_0)$$

または

$$\lambda(\bar{x}) = (\hat{u}(\bar{x})-u_0)^2 g(\hat{u})$$

を用いる. λ は漸近的に χ^2-分布に従う. この検定の受容域の境界は $\hat{u}(\bar{x})=$ 一定, つまり最尤推定の推定部分多様体からなる. これは M に直交しているから有効検定である. ☐

例 4.4(尤度比検定) 検定統計量として

$$\lambda(\bar{x}) = -2\log\frac{p(\bar{x};u_0)}{p(\bar{x};\hat{u}_{\text{m.l.e.}})}$$

を用いるのが尤度比検定である. これも漸近的に χ^2-分布に従い, その受容域の境界は u_0 の近傍で M に漸近的に直交し, 有効検定である. ☐

この他, 有効スコア(Rao)検定, 局所最強力検定, 条件付き検定など, よく知られた検定はみな1次有効で $P_{T1}(t)$ の項を見るかぎり同等であることがわかる. しかし, 実際に有限の N のときに検定を行なえば, それらの特性はみな異なる. どの検定方式がどのように優れているかを見るには, 高次の項 $P_{T2}(t)$, $P_{T3}(t)$ を評価しなければならない. ところが, 1次有効な検定はすべて同じ $P_{T2}(t)$ を持つことが証明できる. これを「1次有効な検定は2次有効である」

という. したがって, 必要なことは各検定について $P_{T3}(t)$ を評価することである. この項はモデルの曲率にかぎらず多くの項を含むので計算結果が複雑になる. そこで, 各 t に対し点 u_t においては最強力になる(他の点ではわからない)仮想的な検定の検出力関数を $\tilde{P}(t;N)$ とし, それとの差, つまり

$$\Delta P_T(t) = \lim_{N \to \infty} N\{\tilde{P}(t;N) - P_T(t;N)\} \qquad (4.68)$$

で評価することにする. これは検出力損失(deficiency)とも呼ばれ, N 個の標本に対して, 検定 T はこの仮想的な検定に対して, 同じ検出力を得るには何個分の標本を余分に取らなくてはいけないかを表わす.

この計算は微分幾何学的手法によってはじめて成功した. これにより各種の検定方式の特性の差異が明らかになった. その背後には, 一様最強力検定は存在しないこと, つまり, すべての t について他の検定よりも一様に良い $P_T(t;N)$ を持つ検定は存在しないという事実がある. すなわち, ある検定はある t の値では検出力が大きいが他の t では劣るという事情があり, どの t でどのような特性を持つかを明らかにする必要があった.

上記の1次有効な検定の検定統計量はみな漸近的に χ^2-分布に従う. しかし, 有限の N では, 受容域

$$A : \lambda(\bar{x}) < c$$

を定める c を, 単に水準 α から χ^2-分布にもとづいて決めるわけにはいかない. この分布の χ^2-分布からのずれを考慮して, 水準 α が $N^{-3/2}$ のオーダーまで合うように, また不偏性の条件が N^{-1} のオーダーまで満たされるように, χ^2-分布から計算した受容域の値を補正しなければならない. このような補正を実行すると, すべての検定が共通の基盤で比較できる.

こうして, 検定の $P_{T3}(t)$ の項を検討すると, 次のことがわかる.

(1) 検定の受容域の境界は m-平坦である方が検出力が高い. ちなみに上記の検定ではこの条件はすべて満たされている.

(2) 検定の境界面は M とは直交せず, M の埋め込み e-曲率に応じた角度を持つことが望ましい. この角度は $g_{a\kappa}(u_t)$ で表わされるが,

$$g_{a\kappa}(u_t) = \frac{t}{\sqrt{N}g} Q_{ab\kappa} \qquad (4.69)$$

§4.6 検定の高次漸近理論　　　　79

とおこう（M は１次元であるから，a, b は１の値のみを取る）.

M の埋め込み曲率 $H_{ab}^{(e)\kappa}$ に応じて角度を

$$Q_{ab\kappa} = kH_{ab\kappa}^{(e)} \tag{4.70}$$

と決める検定方式を k-検定と呼ぼう．k は定数である.

また，e-曲率 γ の２乗を

$$\gamma^2 = g^{-2}H_{ab}^{(e)\kappa}H_{cd}^{(e)\lambda}g_{\kappa\lambda} \tag{4.71}$$

とおく．この γ を Efron 曲率と呼ぶことがある.

定理 4.11　k-検定における検出力損失は

$$\Delta P_T(t) = u^2(\alpha)\xi(t,\alpha)\{k-J(t,\alpha)\}^2\gamma^2 \tag{4.72}$$

で与えられる．ここに

$$\xi(t,\alpha) = \frac{t}{2}\{n(u(\alpha)-t)-n(u(\alpha)+t)\} \tag{4.73}$$

$$J(t,\alpha) = 1-\frac{t}{2u(\alpha)\tanh tu(\alpha)} \tag{4.74}$$

である.　　　　　　　　　　　　　　　　　　　　　　　　　　　□

　この定理より，ある u_t 点で検出力を最大にしたければ，$k=J(t,\alpha)$ を満たす k-検定を選べばよいことがわかる．また，これまで述べてきた１次有効検定はすべてある k の値を持つ k-検定になっている．まとめとしてそれを述べよう．なお図4.5に，種々の検定の検出力損失を t の関数として表わした.

　水準および不偏性の補正を行なえば，どのモデル M を用いるかに関係なく，スカラー e-曲率 γ に応じて，各種の検定の特性が決まる．そして，検出力の特性を求めてモデルを個別に解析したりシミュレーションで調べるようなこれまでの研究は必要がなくなったのである．なお，ここでは両側検定について述べたが，片側検定も同様に論ずることができる.

定理 4.12　１次有効な各種検定は次の k-検定になっている.

(1)　Wald 検定は $k=0$ の検定で，$t=2u(\alpha)$ で最強力である．$\alpha=0.05$ のとき $t \doteqdot 4$，つまり 4σ 離れたあたりで強力である.

(2)　尤度比検定は $k=0.5$ の検定で，$t=u(\alpha)$ で最強力，つまり $\alpha=0.05$ ならば $t=2$ である．これは全域で損失が比較的小さい.

(3)　有効スコア検定は $k=1$ の検定である．これは片側検定の場合に，局所

80　　　　　　　　第4章　統計的推論の微分幾何

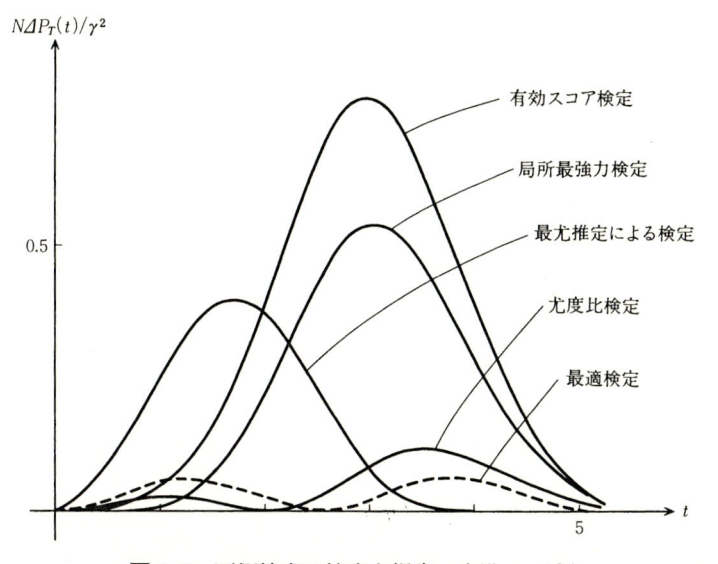

図 4.5　両側検定の検出力損失，水準 $\alpha = 5\%$

　　最強力（$t = 0$ の近くで最強力）であるが，両側検定ではどこでも最強力になれない．

(4)　条件付き検定は $k = 0.5$ の検定で，尤度比検定と3次のオーダーまで同等である．　　　　　　　　　　　　　　　　　　　　　　　□

§4.7　推定関数の理論とファイバーバンドル

(a)　局所指数族バンドル

　　これまでは曲指数型分布族，つまり指数型分布族の空間 S に埋め込まれた分布族 M を想定する枠組で理論を構成してきた．そこでは十分統計量 $\bar{x}$ が存在し，これが S の中の観測点 $\hat{\eta}$ を定義することから，データも含めて S という舞台の中で閉じた理論が展開できたのである．もちろん，ここでの理論を多変量回帰モデルや時系列モデルなど相関のある確率変数のモデルに拡張することは容易である．

　　十分統計量が存在しない一般の分布族 $M = \{p(x\,;\,u)\}$ の場合に高次漸近理論を拡張することも可能で，曲率などがうまく定義できてここでの結果はその

§4.7 推定関数の理論とファイバーバンドル　　81

まま成立する．それには，モデル M の各点で M に高次の接触をする高い次元の指数型分布族を考え，これをモデルの各点に付加することになる．

いま，M の1点 u_0 を固定しよう．点 u_0 において $l(x, u) = \log p(x; u)$ は

$$l(x, u) = l(x, u_0) + (u^a - u_0{}^a) \partial_a l(x, u_0)$$
$$+ \frac{1}{2}(u^a - u_0{}^a)(u^b - u_0{}^b) \partial_a \partial_b l(x, u_0) + \cdots \tag{4.75}$$

と展開できる．簡単のため $u_0 = 0$ とおけば，展開をもとに戻して

$$p(x; u) = p(x; u_0) \exp\left\{ u^a X_a + \frac{1}{2} u^a u^b X_{ab} + \cdots \right\} \tag{4.76}$$
$$X_a = \partial_a l(x, u_0), \qquad X_{ab} = \partial_a \partial_b l(x, u_0)$$

となる．そこで，点 u_0 において，θ をパラメータに持つ新しい指数型分布族の空間

$$S(u_0) = \{ q(x, \theta; u_0) \} \tag{4.77}$$
$$q(x, \theta; u_0) = p(x; u_0) \exp\{ \theta^a X_a + \theta^{ab} X_{ab} - \psi(\theta) \}$$

を定義してみよう．この分布族の自然パラメータは $\theta = (\theta^a, \theta^{ab})$ の組である．モデル M は，$u = u_0$ で S の $\theta = 0$ の分布と一致する．$S(u_0)$ の中に u をパラメータとする新しい曲指数型分布族 $\tilde{M}(u_0)$

$$\theta = \theta(u): \quad \theta^a = u^a, \quad \theta^{ab} = u^a u^b$$
$$\tilde{M}(u_0) = \{ q(x, \theta(u); u_0) \} \tag{4.78}$$

を作る．$\tilde{M}$ は曲指数型分布族で，u_0 の近傍で M のよい近似になっている．展開の第1項のみを取れば，$\tilde{M}$ と M の接空間は一致し，第2項までならば曲率方向(法線方向)まで含めた高次の接空間が一致し，M は $\tilde{M}$ と2次の接触をする．これはもっと高次まで続けることができる．

M の各点 u に指数型分布族の空間 $S(u)$ を付加した構造は，幾何学的には M を**基空間**(base manifold)，$S(u)$ をファイバー空間(fibre)とする**ファイバーバンドル**(fibre bundle)になる．

観測データ $x_1, \cdots, x_N$ が与えられれば，ここから

$$\bar{X}_a = \partial_a l(\bar{x}, u), \qquad \bar{X}_{ab} = \partial_a \partial_b(\bar{x}, u) \tag{4.79}$$

によって，各 $S(u)$ 上に観測点 $\bar{X}(u)$ が定義される．$S(u)$ を舞台として統計的推論，たとえば推定を行なえば，各 $S(u)$ で推定量 $\hat{u}(u)$ が定まるが，この

中から

$$\hat{u}(u^*) = u^* \tag{4.80}$$

を満たす点 u^* を推定量とすればよい．この推定量の特性は，$S(u)$ における曲指数型分布族 $\tilde{M}(u)$ を用いて解析できる．このとき，M の点 u における e-曲率は $\tilde{M}(u)$ の埋め込み e-曲率と一致するから，これまで曲指数型分布族で築いてきた理論がそのまま一般の分布族において成立する．

(b) Hilbert バンドルと推定関数

確率分布の族 $M = \{p(x; u)\}$ が与えられたときに，u と同じ次元のベクトル値関数 $\boldsymbol{f}(x, u)$ が存在して

$$E_u[\boldsymbol{f}(x, u)] = 0 \tag{4.81}$$

$$E_u[|\boldsymbol{f}'(x, u)|] > 0 \tag{4.82}$$

($|\boldsymbol{f}'|$ とは，成分で書けば $\partial_a f_b(x, u)$ のつくる行列式）を満たしたとしよう．このとき，多数の測定値 $x_1, \cdots, x_N$ が与えられたときに，方程式

$$\sum_{i=1}^{N} \boldsymbol{f}(x_i, \hat{u}) = 0 \tag{4.83}$$

の解を $\hat{u}$ としよう．上式の左辺は $N \to \infty$ のときに $E[\boldsymbol{f}(x, u)]$ に収束するから，この方程式の解 $\hat{u}$ は真の値 u の良い推定値となることが予想される．(4.81), (4.82) を満たす関数を一般に**推定関数**(estimating function) といい，(4.83) を推定方程式と呼ぶ．確率密度関数の対数をパラメータで微分したものを u の関数とみたとき，これをスコア関数というが，スコア関数 $\partial_a l(x, u)$ は明らかに推定関数であり，このときの推定量が最尤推定量である．

パラメータ u で指定された古典的な統計モデルと違って，分布関数の形が未知なノンパラメトリック，またはセミパラメトリックのモデルにおける推定論が最近注目を集めている．セミパラメトリック(semiparametric)モデルとは，確率変数 x の分布密度が，未知のパラメータ u の他に関数自由度(∞ の自由度)を持つパラメータ z を含み，$M = \{p(x; u, z)\}$ の形で指定されるものである．このときに，観測データ $x_1, \cdots, x_N$ からパラメータ u を推定したいのであるが，未知パラメータ z が**攪乱母数**(nuisance parameter) として入っている．一例を挙げよう．分布密度関数の形が未知(これを関数 z とする)の N 個の

§4.7 推定関数の理論とファイバーバンドル

1次元観測データ $x_1, \cdots, x_N$ から分布の平均と分散を求める location-scale モデルがこれである。$u = (\mu, \sigma)$ を平均と分散を表わす2次元のパラメータとして、このモデルは

$$p(x ; u, z) = \frac{1}{\sigma} z\left(\frac{x - \mu}{\sigma}\right) \tag{4.84}$$

と書ける。関数 z が未知の状況で、μ と σ とを推定したい。ここに、$z(x)$ は

$$\int z(x)\,\mathrm{d}x = 1 \tag{4.85}$$

$$\int x z(x)\,\mathrm{d}x = 0 \tag{4.86}$$

$$\int x^2 z(x)\,\mathrm{d}x = 1 \tag{4.87}$$

を満たす滑らかな関数とする。

このような場合に、x と u の関数で、$E_{u,z}$ を $p(x ; u, z)$ に関する期待値としてどの z に対しても

$$E_{u,z}[\boldsymbol{f}(x, u)] = 0 \tag{4.88}$$

$$E_{u,z}[|\boldsymbol{f}'(x, u)|] > 0 \tag{4.89}$$

を満たす2次元のベクトル関数 $\boldsymbol{f}(x, u)$ が存在すれば、未知の z にわずらわされることなく

$$\sum \boldsymbol{f}(x_i, u) = 0 \tag{4.90}$$

を解いて、推定値 $\hat{u}$ が得られてたいへん都合がよい。

問題は、

(1) そもそも推定関数が存在するか否か

(2) 多数の推定関数が存在するとき、どのような推定関数が最良の推定量 $\hat{u}$ を与えるのか

(3) z のいかんにかかわらず最良の推定関数は存在するのか

といった本質的な問題に答えることである。微分幾何学的手法はこのような場合に特に威力を発揮する。

一般論に戻って確率分布 $p(x)$ を一つ固定し、ここから分布を $a(x)$ 方向へ少し変化させてみよう。このようすを t をパラメータとして関数空間中の曲線

$$p(x ; t) = p(x)\{1 + t a(x)\} \tag{4.91}$$

で表わそう. $p(x\,;\,t)$ が確率分布であることから, $a(x)$ は

$$E[a(x)] = 0 \tag{4.92}$$

を満たす. 期待値 E は $p(x)$ に関して取る. さらに

$$E[a(x)^2] < \infty \tag{4.93}$$

とする. このような $a(x)$ の張る線形空間 H_p は, $a(x), b(x) \in H_p$ のとき内積

$$\langle a(x), b(x) \rangle = E[a(x)b(x)] \tag{4.94}$$

を持つ Hilbert 空間になる.

確率分布 $M = \{p(x\,;\,u, z)\}$ の各点 (u, z) に, 確率分布のここからの変化方向を表わす関数 $a(x)$ の全体からなる Hilbert 空間 $H_{u,z}$ を付加しよう. このような全体はファイバー構造をなす. パラメータ u の値を変化させれば, $p(x\,;\,u, z)$ は変化する. この変化に対応する方向は, スコア関数

$$s_a(x, u, z) = \partial_a l(x, u, z) \tag{4.95}$$
$$l(x, u, z) = \log p(x\,;\,u, z)$$

で表わせる. z の変化に対応するものを求めてみよう. いま $z(t)$ を z の変化を表わす t をパラメータとする曲線として,

$$r(x, u, z, \dot{z}) = \frac{\mathrm{d}}{\mathrm{d}t} l(x, u, z(t))|_{t=0} \tag{4.96}$$

が z を $\dot{z} = \mathrm{d}z(t)/\mathrm{d}t$ 方向へ変化させたときの, 対応する確率分布の変化方向である. このような r は無限個ある. これらの関数 $\{s_a, r\}$ のすべてが張る線形空間 $T_{u,z}$ は M の接空間をなし, $H_{u,z}$ に含まれる. とくに, $\{r\}$ の全体の張る空間を攪乱接空間といい, これを $T_{u,z}{}^N$ で表わそう.

ここで, $a(x) \in H_{u,z}$ における点 (u, z) から他の点 (u, z') への e-平行移動 $\Pi^{(e)}{}_z{}^{z'} a(x)$ と m-平行移動 $\Pi^{(m)}{}_z{}^{z'} a(x)$ を次のように定義する. $a(x) \in H_{u,z}$ に対して, $E_{u,z'}[a(x)] < \infty$ として,

$$\Pi^{(e)}{}_z{}^{z'} a(x) = a(x) - E_{u,z'}[a(x)] \tag{4.97}$$

$$\Pi^{(m)}{}_z{}^{z'} a(x) = \frac{p(x\,;\,u, z)}{p(x\,;\,u, z')} a(x) \tag{4.98}$$

これは明らかに $E_{u,z'}[\Pi^{(e)}a] = E_{u,z'}[\Pi^{(m)}a] = 0$ を満足する. しかし, これらが $H_{u,z'}$ に属するとは一般に限らない. これが存在すれば平行移動はファイバー $H_{u,z}$ から $H_{u,z'}$ への写像を定める. これを共変微分の形で書くこともできる.

§4.7 推定関数の理論とファイバーバンドル

これは有限次元の場合の e-接続や m-接続のファイバーへの一般化であって，次の双対性が成立することが重要である．

$$\langle a, b\rangle_{u,z} = \langle \Pi^{(e)}{}_z{}^{z'} a, \Pi^{(m)}{}_z{}^{z'} b\rangle_{u,z'} \tag{4.99}$$

$\langle\ ,\ \rangle_{u,z}$ は点 $p(x;u,z)$ におけるファイバーの内積である．

u を固定して，すべての点 z' の攪乱空間 $T_{u,z'}{}^N$ を点 (u,z) に m-平行移動したものを考え，これらの張る空間の閉包を攪乱ファイバー空間と呼ぶ．

$$H_{u,z}{}^N = \mathrm{clspan}\{\Pi^{(m)}{}_{z'}{}^z T_{u,z'}{}^N\} \tag{4.100}$$

さらに，s_a のうちで $H_{u,z}{}^N$ に直交する成分を取り出し，これらの張る部分空間を情報ファイバー空間と呼び，$H_{u,z}{}^I$ で表わす．最後に，$H_{u,z}{}^N$ と $H_{u,z}{}^I$ の直交補空間を補助ファイバー空間と呼び，$H_{u,z}{}^A$ で表わす．このとき，ファイバー $H_{u,z}$ は

$$H_{u,z} = H_{u,z}{}^I \oplus H_{u,z}{}^N \oplus H_{u,z}{}^A \tag{4.101}$$

と直和分解される．

準備は整ったので，ここで推定関数の議論に戻ろう．推定関数は任意の z' について

$$E_{u,z'}[\boldsymbol{f}(x,u)] = 0 \tag{4.102}$$

を満たすから，e-平行移動で不変な関数である．さらに

$$E_{u,z(t)}[f(x,u)] = \int p(x;u,z(t)) f(x,u)\mathrm{d}x = 0$$

を t で微分して $t=0$ とおけば，$r \in T_{u,z}{}^N$ に対して，

$$\langle r, f(x,u)\rangle_{u,z} = 0 \tag{4.103}$$

が成立する．f は e-不変であったから，

$$\langle \Pi^{(m)}{}_{z'}{}^z r, f\rangle_{u,z} = 0 \tag{4.104}$$

が成立する．このことから，推定関数は $H_{u,z}{}^I \oplus H_{u,z}{}^A$ に属することがわかる．逆に，条件(4.89)から，$f(x,u)$ の各成分を $H_{u,z}{}^I$ に射影したものは $H_{u,z}{}^I$ を張らなければいけないことがわかる．

定理 4.13 関数 $\boldsymbol{f}(x,u)$ が推定関数であるための必要十分条件は，$\boldsymbol{f}$ が $H_{u,z}{}^I \oplus H_{u,z}{}^A$ に属し，その $H_{u,z}{}^I$ 部分は $H_{u,z}{}^I$ を張ることである． □

これより，$H_{u,z}{}^I$ が縮退せず u の次元と同じであれば推定関数が存在することがわかる．実際上現われる多くの問題で，さらに

$$\Pi^{(m)}{}_{z'}{}^{z} T_{u,z'}{}^{N} = T_{u,z}{}^{N} \tag{4.105}$$

が成立している．このときは，$H_{u,z}{}^{N} = T_{u,z}{}^{N}$ となる．したがって，$H_{u,z}{}^{I}$ はスコア関数 s_{a} を $T_{u,z}{}^{N}$ に直交する部分に射影したものからなっている．これを**有効スコア関数**という．有効スコア関数が u の次元を持てば，それは推定関数となり，この推定関数を用いた推定量は 1 次有効であることが調べられている．

　ファイバー空間と推定関数を用いる幾何学的理論はノンパラメトリック，セミパラメトリック，ロバスト推論，さらに一般化線形モデル，擬似尤度関数などを用いる新しい統計学の枠組で大きな役割を演ずる．この方向での議論は，その数学的な基礎づけとともに，これからさらに発展していくであろう．

第5章

時系列と線形システムの幾何

　線形システムは内部に記憶機構を持ち，入力の時系列を出力の時系列に線形に変換する．安定な線形システムに白色雑音系列を入力すれば，出力は定常な時系列となる．この観点から，時系列とそれを生成するシステムとを同一視して論ずることができる．

　制御理論や時系列の理論は，一つのシステムないし一つの時系列を取り上げてその性質を論じてきた．しかし，n次の線形システムの全体，(p, q)次のARMA時系列の全体などをまとめて考えると，それらはすべて有限次元のパラメータで指定できるから，有限次元の多様体になっている．システムや時系列の間の近さを議論したり，その近似，推定，低次元化などを論ずるためには，一つのシステムを研究するのではなく，これら全体の作るシステムの空間を取り上げ，その幾何学を展開することが必要である．本章では，システムと時系列の微分幾何学を展望し，双対接続がここでも重要な役割を果たすことを明らかにしよう．システムの幾何学的理論はまだ始まったばかりであり，これから発展する話題である．

§5.1　システムと時系列の空間

　離散時間で動作する1入力1出力の線形システムを考えてみよう．入力信号の時系列を$\{\varepsilon_t\}$，出力信号を$\{x_t\}$，$t = \cdots, -2, -1, 0, 1, 2, \cdots$，とすると，時間的に定常なシステムの出力は

$$x_t = \sum_{i=0}^{\infty} h_i \varepsilon_{t-i} \tag{5.1}$$

のように書ける．このときの係数列 $(h_0, h_1, \cdots)$ をシステムの**インパルス応答** (impulse response) という．時間を一つずらす演算子 z を

$$zx_t = x_{t+1}, \quad z^{-1}x_t = x_{t-1} \tag{5.2}$$

とすれば，システムの**伝達関数** (transfer function)

$$H(z) = \sum_{i=0}^{\infty} h_i z^{-i} \tag{5.3}$$

を用いて，出力は

$$x_t = H(z) \varepsilon_t \tag{5.4}$$

と書くこともできる．以下では，システム (5.3) が $\sum_{i=0}^{\infty} |h_i|^2 < \infty$ を満たすことを仮定する．このようなシステムは，**安定** (stable) なシステムと呼ばれる．このとき，$H(z)$ は，$|z| \geqq 1$ で正則な複素関数とみなすことができる．

入力として，各 ε_t が独立で標準正規分布 $N(0,1)$ に従う白色 Gauss 雑音を用いると，出力時系列は定常 (有色) Gauss 時系列となる．時系列 $\{x_t\}$ を広義 Fourier 展開すると，

$$A(\omega) = \lim_{T \to \infty} \frac{1}{\sqrt{2T}} \sum_{t=-T}^{T} x_t \mathrm{e}^{-\mathrm{i}\omega t} \tag{5.5}$$

が得られる．$A(\omega)$ は確率変数であるが，そのパワースペクトラム $S(\omega) = E|A(\omega)|^2$ は

$$S(\omega) = |H(\mathrm{e}^{\mathrm{i}\omega})|^2 \tag{5.6}$$

に収束している．ここで，$0 < S(\omega) < \infty$,

$$\int_{-\pi}^{\pi} |\log S(\omega)| \mathrm{d}\omega < \infty \tag{5.7}$$

が成り立つ．逆に，定常 Gauss 時系列 $\{x_t\}$ が与えられたときに，そのパワースペクトラム $S(\omega)$ が (5.7) を満たすならば，ある安定なシステム $H(z) = \sum_i h_i z^{-i}$ と白色雑音 $\{\varepsilon_t\}$ を用いて，$\{x_t\}$ は (5.1), (5.4) の形で表わされ，(5.6) が成り立つ．このような $H(z)$ は一意ではないが，**最小位相** (minimal phase) システム，すなわち $|z| > 1$ で $H(z) \neq 0$ となるような $H(z)$ は，$S(\omega)$ から一意に定まる．

こうして，時系列 $\{x_t\}$，パワースペクトラム $S(\omega)$，最小位相システム $H(z)$

§5.1 システムと時系列の空間

を同一視して論じることができる. 以下では(5.7)を少し強めて

$$\int_{-\pi}^{\pi} |\log S(\omega)|^2 \mathrm{d}\omega < \infty$$

を仮定し, この条件を満たす S の全体を**システム空間**または **Gauss 時系列空間** L と呼ぶ.

最小位相でないシステムを論ずるには, 入力 ε_t を白色非 Gauss 雑音とすればよいが, ここではそれは論じない.

システムまたは時系列で, 有限次元のパラメータで指定されるものを考えよう. パラメータを $\boldsymbol{\xi} = (\xi^i)$, $i=1, \cdots, n$, とすれば, このシステムが生成する時系列のパワースペクトラムは $S(\omega; \xi)$ のように書ける. ある正則条件のもとで, このような時系列の全体は ξ を一つの局所座標とする n 次元多様体をなす. いくつかの例を挙げよう.

例 5.1 AR モデル

時間 t での出力 x_t が, p 個の過去の $x_{t-1}, \cdots, x_{t-p}$ の値と現在の入力 ε_t によって,

$$a_0 x_t = -\sum_{i=1}^{p} a_i x_{t-i} + \varepsilon_t \qquad (5.8)$$

のように書けるモデルを p 次 **AR モデル**(autoregressive model of degree p) という. 伝達関数は

$$H(z) = \frac{1}{\displaystyle\sum_{i=0}^{p} a_i z^{-i}} \qquad (5.9)$$

パワースペクトラムは

$$S(\omega; \boldsymbol{a}) = \left| \sum_{t=0}^{p} a_t \mathrm{e}^{\mathrm{i}\omega t} \right|^{-2} \qquad (5.10)$$

である. $\boldsymbol{a} = (a_0, a_1, \cdots, a_p)$ を AR パラメータという. □

例 5.2 MA モデル

x_t が過去 q 個の入力の線形和

$$x_t = \sum_{i=1}^{q} b_i \varepsilon_{t-i+1} \qquad (5.11)$$

と書ける時系列を q 次 **MA モデル**(moving average model of degree q) という. 伝達関数は

$$H(z) = \sum_{i=1}^{q} b_i z^{-i} \tag{5.12}$$

となる. □

例 5.3 ARMA モデル

$$x_t = -\sum_{i=1}^{p} a_i x_{t-i} + \sum_{i=1}^{q} b_i \varepsilon_{t-i+1} \tag{5.13}$$

と書けるモデル, すなわち伝達関数が $a_0=1$ として

$$H(z) = \frac{\displaystyle\sum_{i=1}^{q} b_i z^{-i}}{\displaystyle\sum_{i=0}^{p} a_i z^{-i}} \tag{5.14}$$

と書けるモデルを (p, q) 次の **ARMA モデル**という. □

例 5.4 Bloomfield の指数型モデル

パワースペクトラムが

$$S(\omega\,;\xi) = \exp\left\{\sum_{t=0}^{p} \xi_t e_t(\omega)\right\} \tag{5.15}$$

と書けるモデルをいう. ここに

$$e_0(\omega) = 1, \quad e_t(\omega) = \sqrt{2}\cos\omega t, \quad t = 1, 2, \cdots \tag{5.16}$$

である. □

一般の離散システムは, 入力ベクトル時系列 $\boldsymbol{\varepsilon}_t$, 内部状態ベクトル $\boldsymbol{x}_t$, 出力ベクトル $\boldsymbol{y}_t$ を用いて, A, B, C をそれぞれ適当なサイズの定数行列として

$$\begin{cases} \boldsymbol{x}_{t+1} = A\boldsymbol{x}_t + B\boldsymbol{\varepsilon}_t \\ \boldsymbol{y}_{t+1} = C\boldsymbol{x}_{t+1} \end{cases} \tag{5.17}$$

のように書くことができる. ARMA モデルもこの形に書き直すことができる. このようなシステムの全体を $\{A, B, C\}$ をパラメータ(座標系)とするシステム空間として論ずることも同様の方法で可能である. これについては, 連続時間システムの空間を本章の最後で述べる.

§5.2 システム空間の計量と接続

システム空間 L に計量と双対接続を導入しよう. スペクトラム $S(\omega)$ を持つ一つの時系列に対して, $\boldsymbol{x}_T = (x_{-T}, x_{-T+1}, \cdots, x_0, x_1, \cdots, x_T)$ とおくと, $\boldsymbol{x}_T$ の

§5.2 システム空間の計量と接続

確率分布が得られる．これは Gauss 分布で，各 ω でその周波数成分

$$X(\omega) = \frac{1}{\sqrt{2T}} \sum_{t=-T}^{T} x_t \mathrm{e}^{-1\omega t}$$

は Gauss 分布であり，T が十分大きければその同時分布は $S(\omega)$ をパラメータとして

$$p(X;S) \approx \exp\left\{ -\frac{1}{2} \int \frac{|X(\omega)|^2}{S(\omega)} \mathrm{d}\omega - \phi(S) \right\}$$

のような確率分布に従う．この確率分布族は，$S(\omega)$ をパラメータとし，$T \to \infty$ のときに無限大の自由度を持つ指数型分布族である．この場合にも，有限次元の確率分布族と同じ考えのもとに，Riemann 計量と双対接続を導入できる．

まず，L に無限自由度の局所座標系を入れよう．たとえば

$$\log S(\omega) = \sum_{t=0}^{\infty} \xi_t e_t(\omega) \tag{5.18}$$

と展開して，$\xi = (\xi^0, \xi^1, \cdots)$ を無限次元の座標系として用いる．1点 ξ における接空間 T_ξ の自然基底 $e_i = \frac{\partial}{\partial \xi^i}$ を ω の関数 $\partial_i \log S(\omega;\xi)$ で表現する．上記の座標系を用いるならば，

$$e_i = e_i(\omega) \tag{5.19}$$

となる．このとき，e_i と e_j の内積を

$$\begin{aligned} g_{ij}(\xi) &= \langle e_i, e_j \rangle \\ &= \frac{1}{2\pi} \int \partial_i \log S(\omega;\xi)\, \partial_j \log S(\omega;\xi) \mathrm{d}\omega \end{aligned} \tag{5.20}$$

と定義する．

さらに，α-共変微分 $\nabla^{(\alpha)}$ を

$$\nabla^{(\alpha)}_{e_i} e_j = \partial_i \partial_j \log S(\omega;\xi) - \alpha\, \partial_i \log S\, \partial_j \log S \tag{5.21}$$

で定義する．すると，α-接続の係数は

$$\Gamma^{(\alpha)}_{ij,k}(\xi) = \frac{1}{2\pi} \int \{ \partial_i \partial_j \log S(\omega;\xi) - \alpha\, \partial_i \log S\, \partial_j \log S \} \partial_k \log S\, \mathrm{d}\omega \tag{5.22}$$

で与えられる．有限次元のモデル M は，システム空間 L に埋め込まれた L の部分空間とみなせばよい．これにより，M の計量と接続が導かれる．ξ が有限次元のパラメータのときも，(5.20), (5.21) でシステム空間の計量と接続がそ

のまま定義される.

はじめに, α-接続と $(-\alpha)$-接続とが双対であることを確かめよう. これは
$$\partial_k \langle e_i, e_j \rangle = \langle \nabla_{e_k}^{(\alpha)} e_i, e_j \rangle + \langle \nabla_{e_k}^{(-\alpha)} e_j, e_i \rangle \tag{5.23}$$
が成立することを直接計算によって確認できる.

システム空間 L の特性は次の定理に示される.

定理 5.1 システム空間 L はすべての α について α-平坦 である.

[証明] まず α-スペクトラムを
$$R^{(\alpha)}(\omega) = \begin{cases} -\dfrac{1}{\alpha} S(\omega)^{-\alpha} & (\alpha \neq 0) \\ \log S(\omega) & (\alpha = 0) \end{cases} \tag{5.24}$$
で定義し, その Fourier 展開係数を $\{c_t^{(\alpha)}\}$ とする. すなわち
$$R^\alpha(\omega) = \sum c_t^{(\alpha)} e_t(\omega) \tag{5.25}$$
である. すると, $\boldsymbol{c}^\alpha = (c_0^{(\alpha)}, c_1^{(\alpha)}, \cdots)$ は L の一つの局所座標系をなす. これを α-座標系と呼ぶ. $R^{(\alpha)}(\omega; \xi)$ がパラメータ ξ を含んで表現されているとき, これを ξ で微分すれば,
$$\partial_i R^{(\alpha)}(\omega; \xi) = S^{-\alpha} \partial_i \log S(\omega; \xi) \tag{5.26}$$
となり,
$$\partial_i \partial_j R^\alpha(\omega; \xi) = S^{-\alpha} \{ \partial_i \partial_j \log S - \alpha \partial_i \log S \partial_j \log S \} \tag{5.27}$$
が得られるから, 接続の係数(5.22)は
$$\Gamma_{ij,k}^{(\alpha)}(\xi) = \frac{1}{2\pi} \int S^{2\alpha} \partial_i \partial_j R^{(\alpha)} \partial_k R^{(\alpha)} \mathrm{d}\omega \tag{5.28}$$
と書きなおせる. ここで座標系として $\boldsymbol{c}^{(\alpha)}$ を用いると,
$$\partial_i \partial_j R^{(\alpha)} = 0 \tag{5.29}$$
より
$$\Gamma_{ij,k}^{(\alpha)}(\boldsymbol{c}^{(\alpha)}) = 0 \tag{5.30}$$
が成立する. したがって, L は α-平坦であり, $\boldsymbol{c}^\alpha$ がその α-アファイン座標系になっている. ∎

$\alpha = -1$ の m-アファイン座標系 $\boldsymbol{c}^{(-1)}$ を簡単のため $\boldsymbol{c}$ と書くが, これは $S(\omega)$ の展開係数
$$S(\omega) = \sum_{t=0}^\infty c_t e_t(\omega) \tag{5.31}$$

§5.2 システム空間の計量と接続

である．これは時系列の t だけ離れたものの間の相関，

$$c_t = E[x_s x_{s+t}] \tag{5.32}$$

であり，**自己共分散系列**と呼ぶ．一方，$\alpha=1$ の e-アファイン座標系を $\tilde{\boldsymbol{c}}$ と書くと，これは $S^{-1}(\omega)$ の展開係数

$$S^{-1}(\omega) = \sum_{t=0}^{\infty} \tilde{c}_t e_t(\omega) \tag{5.33}$$

になっている．

また，$\alpha=0$ で L は平坦であるから，L は Levi-Civita 接続のもとで平坦，すなわち Euclid 空間になっている．$\log S$ の展開係数が正規直交 Descartes 座標を与える．

双対平坦な空間にはポテンシャル関数が存在する．システム空間 L の場合には，$\alpha=0$ 以外では，ポテンシャル関数も双対ポテンシャル関数も，エントロピー

$$H = \frac{1}{4\pi} \int \log S(\omega) \, d\omega + \frac{1}{2} \log(2\pi e) \tag{5.34}$$

を用いて書け，

$$\psi_\alpha = \frac{2}{\alpha} H + \frac{1}{2\alpha^2} \tag{5.35}$$

となる．$\alpha=0$ の Euclid 空間の場合には

$$\psi_0 = \frac{1}{4\pi} \int \{\log S(\omega)\}^2 d\omega \tag{5.36}$$

で，これは $\log S$ の L^2 ノルムである．

ポテンシャル関数を用いると，二つのスペクトラム $S_1(\omega)$ と $S_2(\omega)$ の間の α-ダイバージェンスが

$$D_\alpha(S_1, S_2) = \begin{cases} \dfrac{1}{2\pi\alpha^2} \int \left\{ \left(\dfrac{S_2}{S_1}\right)^\alpha - 1 - \alpha \log \dfrac{S_2}{S_1} \right\} d\omega & (\alpha \neq 0) \\[3mm] \dfrac{1}{4\pi} \int (\log S_2 - \log S_1)^2 d\omega & (\alpha = 0) \end{cases} \tag{5.37}$$

で与えられる．

§5.3 有限次元モデルの幾何学

ここでは，ARモデル，MAモデル，ARMAモデルのなす有限次元の空間を調べよう．ARモデルについて調べる．

p次ARモデル全体のなす空間をAR_pとしよう．ARパラメータ$\boldsymbol{a}=(a_0, a_1, \cdots, a_p)$は$\mathrm{AR}_p$の一つの局所座標系をなす．明らかに，高次のモデルは低次のモデルを含むから

$$\mathrm{AR}_0 \subset \mathrm{AR}_1 \subset \mathrm{AR}_2 \subset \cdots$$

という包含関係が成立する．

AR_pのスペクトルの逆数を取ると

$$S^{-1}(\omega\,;\boldsymbol{a}) = \left| \sum_{t=0}^{p} a_t \mathrm{e}^{\mathrm{i}\omega t} \right|^2 \tag{5.38}$$

であるから，この Fourier 展開は有限項で打ち切れて

$$S^{-1}(\omega\,;\boldsymbol{a}) = \sum_{t=0}^{p+1} \tilde{c}_t e_t(\omega) \tag{5.39}$$

となっている．したがって，AR_pは$\tilde{\boldsymbol{c}}$座標系を用いれば，システム空間Lの中で

$$\tilde{c}_t = 0, \quad t = p+1, p+2, \cdots \tag{5.40}$$

という線形束縛を満たす$p+1$次元の部分空間である．したがって，AR_pはLのe-平坦な部分空間であり，AR_p自体もe-平坦な空間となる．AR_pのe-アファイン座標系は$\tilde{c}_0, \tilde{c}_1, \cdots, \tilde{c}_p$であり，これらをARパラメータ$a_0, \cdots, a_p$の関数として書くことができる．

m-アファインパラメータは自己共分散係数列$c_0, c_1, \cdots, c_p$である．自己相関係数列の高次の項$c_{p+1}, c_{p+2}, \cdots$は0ではないが，AR_pの時系列にあってはこれらは$c_0, \cdots, c_p$の関数として定まってしまう．これは線形関数ではないから，AR_pは双対性によりそれ自体m-平坦であるが，Lの部分空間としてはm-線形部分空間でない．

幾何学理論の成果として，与えられたLの一つの時系列$S(\omega)$をAR_pに属する時系列で近似する問題を考えよう．近似の基準をダイバージェンスにとれ

§5.3 有限次元モデルの幾何学　95

ば，最良近似 $\hat{S}(\omega) \in \mathrm{AR}_p$ は，L の中で S を m-測地線で AR_p へ射影して得られる点として求まる（図5.1）．AR_p は e-平坦であるから，この射影は一意に定まる．

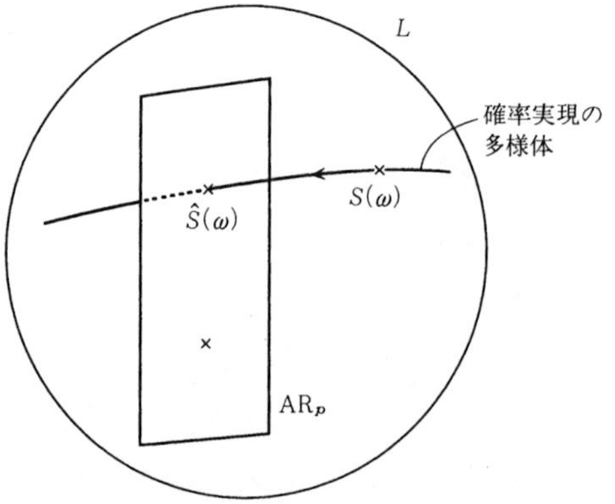

図5.1 $S(\omega)$ の AR モデルによる確率実現

$S(\omega)$ の自己相関係数を $\boldsymbol{c} = (c_0, c_1, \cdots)$ としよう．このとき，$\hat{S}(\omega) \in \mathrm{AR}_p$ は，$\boldsymbol{c}$ の第 p 項までをとった $(c_0, \cdots, c_p)$ を m-アフィン座標として持つ AR_p の点として決定される．このとき，高次の $\hat{c}_{p+1}$ 以下は元の c_{p+1} などとは異なり，$c_0, \cdots, c_p$ の関数として決定される．証明は簡単で，S と $\hat{S}$ とを m-測地線で結ぶと，その $\hat{S}$ 点での接ベクトルは

$$\boldsymbol{t} = \sum_{i=p+1}^{\infty} (c_i - \hat{c}_i)\, \boldsymbol{e}^i \tag{5.41}$$

と書ける．一方，AR_p の接ベクトルは

$$\frac{\partial}{\partial \hat{c}_i} = \boldsymbol{e}_i, \quad i = 0, 1, \cdots, p \tag{5.42}$$

であるから，$\langle \boldsymbol{e}_i, \boldsymbol{e}^j \rangle = \delta_i{}^j$ によって，$\boldsymbol{t}$ は AR_p と直交する．したがって，S からの m-射影が $\hat{S}$ であることがわかる．

与えられたシステム $S(\omega)$ の p 次の**確率実現**(stochastic realization)とは，その自己共分散係数が第 p 項まで S の自己共分散係数と一致するようなシステムのことを指す．確率実現の全体は，AR_p による確率実現 $\hat{S}_p$ を通り，AR_p に直交する m-平坦の多様体になっている．

システム空間のダイバージェンスは(5.37)で与えられるから，AR_p による確率実現 $\hat{S}_p$ の誤差をダイバージェンスで計ると，それはエントロピーの差

$$D(S, \hat{S}_p) = 2\{H(\hat{S}_p) - H(S)\} \tag{5.43}$$

で与えられる．一方，白色系列 $\hat{S}_0$ と $\hat{S}_p$ との間のダイバージェンスは

$$D(\hat{S}_p, S_0) = 2\{H(S_0) - H(\hat{S}_p)\} \tag{5.44}$$

である．Pythagoras の定理から，AR_p による実現 $\hat{S}_p$ は，あらゆる確率実現の中で $\hat{S}_0$ からのダイバージェンスを最小にする実現であることがわかる．これはエントロピー $H(\hat{S}_p)$ を最大にする実現といってもよい．確率実現を求めるに当って**最大エントロピー原理**が使われ，答として AR モデルが得られるが，その幾何学的実体は拡張 Pythagoras の定理に他ならない．

$\hat{S}_0, \hat{S}_1, \hat{S}_2, \cdots$ をそれぞれ S の $AR_0, AR_1, AR_2, \cdots$ による実現としよう．このとき AR_p の次数 p を上げるに従って実現の誤差が減少していく．これについては次の誤差の分解定理が成立する．

定理 5.2　S の確率実現の誤差は

$$D(S, \hat{S}_0) = \sum_{i=1}^{\infty} D(\hat{S}_i, \hat{S}_{i-1}) \tag{5.45}$$

と各次数ごとの寄与分の和に分解できる．　　　　　　　　　　　　　　　□

MA モデルは，システム空間 L の中で m-平坦な部分空間をなす．したがって，AR モデルの場合とまったく双対の議論が展開できる．MA モデルによる確率実現はエントロピーを最小にする実現で，ここでは最小エントロピー原理が成立する．ARMA モデルは e-平坦でも m-平坦でもない．これは大域的にも興味ある性質を有しているが，ここではふれない．

§5.4　安定システムと安定フィードバック

ここでは連続時間の線形システム

$$\dot{x}(t) = Ax(t) + Bu(t) \tag{5.46}$$

を考えよう．x は n 次元のベクトルでシステムの状態を表わし，u は p 次元の入力ベクトル，A は $n \times n$ 行列，B は $n \times p$ 行列である．行列の対 (A, B) は可制御で，B のランクは p とする．システムが安定であるとは，A の固有値が

§5.4 安定システムと安定フィードバック

すべて負の実部を持つことである.

本節では,まず,安定な行列の全体 $\mathscr{S}$ が多様体をなし,ここに双対接続の構造を導入できることを示す.次に,入力 u を状態 x に基づいてその線形関数として与えることにより,系の制御を行なう状態フィードバックシステムを考える.入力 u が外部からの入力 v とフィードバック入力 Fx との和

$$u = Fx + v \tag{5.47}$$

であるとすると,(5.46)は新しいシステム

$$\dot{x} = (A + BF)x + Bv \tag{5.48}$$

に代わる.このとき,$A + BF$ が安定行列となるフィードバック行列 F の全体 $\mathscr{F}$ を求める.さらに,与えられたシステム (A, B) をもとに,フィードバックを加えることによって得られる安定行列 $A + BF$ の全体を $\mathscr{S}(A, B)$ で表わすと,これは $\mathscr{S}$ の部分空間になっている.この空間の幾何学を調べよう.

まず,安定行列の全体が作る多様体 $\mathscr{S}$ の構造を調べよう.$\mathscr{S}$ は明らかに,正則行列の全体 $Gl(n)$ の作る Lie 群の単連結の開集合をなす.安定行列 A は正定値行列 P と反対称行列 S とを用いて

$$A = -\frac{1}{2}P^{-1} + SP^{-1} \tag{5.49}$$

と分解できることを,小原が示した.この分解は一意で,P は

$$AP + PA^{\mathrm{T}} + I = 0 \tag{5.50}$$

の解である.したがって,行列の対 (P, S) は $\mathscr{S}$ の一つの座標系をなす.P は対称だから $n(n+1)/2$ 個の独立成分を,S は反対称だから $n(n-1)/2$ 個の独立成分を持つ.合計で n^2 となる.

$\mathscr{S}$ を正定値行列の作る多様体 $\mathscr{P}$ と反対称行列の作る多様体 $\mathscr{A}$ との直積と考え,$\mathscr{P}$ の幾何学構造をまず与えよう.これには不変性の原理を用いる.状態ベクトルのつくるベクトル空間の基底を変換すると,x は

$$\tilde{x} = Tx$$

の変換を受ける.T は非特異の基底変換の行列である.このとき,A, P, S はそれぞれ

$$\tilde{A} = TAT^{-1}, \quad \tilde{P} = TPT^{\mathrm{T}}, \quad \tilde{S} = TST^{\mathrm{T}} \tag{5.51}$$

に変換される.多様体 $\mathscr{S}$ の構造はこの変換に関して不変であることを要請す

98   第5章　時系列と線形システムの幾何

る.

　また，$\mathcal{P}$ について考えると，これは $\mathcal{P}$ を平均 0，共分散行列 P の多次元正規分布の作る空間と考えたときと同じである．この場合には，分布は $\boldsymbol{x}$ を確率変数として

$$p(\boldsymbol{x}\,;P) = \exp\left\{-\frac{1}{2}\boldsymbol{x}^{\mathrm{T}}P^{-1}\boldsymbol{x} - \psi(P)\right\} \tag{5.52}$$

と書ける．この構造を用いることにすると，$\mathcal{P}$ は $-\frac{1}{2}P^{-1}$ を θ-座標系，P を η-座標系とする双対平坦な空間になっている．

　η-座標 P をもとにして考えよう．対称行列 $E_{p,q}$ として (p,q) 成分と (q,p) 成分のみが 1 で，あとの成分は 0 であるものを考える．このとき，$\mathcal{P}$ の座標系 P に対する自然基底は $E_{p,q}$ で表わされる．また，接ベクトル X は，$X_{p,q}$ を成分とする

$$X = \sum X_{p,q}E_{p,q} \tag{5.53}$$

という行列で表わされる．θ-座標 P^{-1} のもとでの自然基底 $\tilde{E}^{p,q}$ も同様に定義できる．ここから次の定理が成立する．

　定理 5.3　$\mathcal{P}$ は $-\frac{1}{2}P^{-1}$ を θ-座標，P を η-座標とする双対平坦な空間である．その Riemann 計量は，η-座標で

$$g_{(p,q),(p',q')} = \langle E_{p,q}, E_{p',q'}\rangle = \mathrm{tr}(P^{-1}E_{p,q}P^{-1}E_{p',q'}) \tag{5.54}$$

で与えられる．すなわち，

$$\langle X, Y\rangle = \mathrm{tr}(P^{-1}XP^{-1}Y) \tag{5.55}$$

である．また，双対共変微分の組 ∇, ∇^* は

$$\nabla^*_{E_{p,q}}E_{r,s} = 0 \tag{5.56}$$

$$\nabla_{E_{p,q}}E_{r,s} = -E_{p,q}P^{-1}E_{r,s} - E_{r,s}P^{-1}E_{p,q} \tag{5.57}$$

である．したがって，P_0 から P_1 への平行移動は，$X \in T_p$ に対して

$$\Pi^*X = X \tag{5.58}$$

$$\Pi X = P_1 P_0^{-1} X P_0^{-1} P_1 \tag{5.59}$$

で与えられる．　　　　　　　　　　　　　　　　　　　　　　　　　□

　安定行列 A を

$$A_R = -\frac{1}{2}P^{-1}, \quad A_I = SP^{-1} \tag{5.60}$$

§5.4 安定システムと安定フィードバック　　　99

と分解したときに，A_R の固有値はすべて負の実数で，A_I の固有値はすべて純虚数である．したがって，安定性に関しては P が支配していることがわかる．反対称行列 S の作る空間 $\mathscr{A}$ における計量は，不変性を考慮しただけでは確率分布との対応がつかない．$\mathscr{A}$ の座標系を S とし，これを線形空間としてその基底を

$$E_{p,q}^* = E_{p,q} - E_{q,p} \tag{5.61}$$

とするとき，$X^*, Y^* \in T_S$ の内積として

$$\langle X^*, Y^* \rangle = \mathrm{tr}((I-S)^{-1} X^* (I-S)^{-1} Y^*)$$

または

$$\langle X^*, Y^* \rangle = \mathrm{tr}(P^{-1} X^* P^{-1} Y^*)$$

などが自然に考えられる．

　小原は，$\mathscr{P}$ を基空間，$\mathscr{A}$ をファイバーとするファイバーバンドルが $\mathscr{S}$ を作るものと考え，ファイバーバンドルの双対接続を考察している．

　最後に，フィードバック安定化多様体 $\mathscr{S}(A, B)$ を求めよう．いま，B^+ を B の一般逆行列として

$$(I-BB^+)(AP+PA^\mathrm{T}+I)(I-BB^+) = 0 \tag{5.62}$$

を満たす正定値行列の全体を $\mathscr{P}(A, B)$ と書く．また

$$BB^+ S = S \tag{5.63}$$

を満たす反対称行列の全体を $\mathscr{A}(B)$ と書こう．

　定理5.4　$\mathscr{P}(A, B)$ は $\mathscr{P}$ の $m(2n-m+1)/2$ 次元の ∇^*-平坦部分空間をなし，$\mathscr{A}(B)$ は $\mathscr{A}$ の $m(m-1)/2$ 次元の ∇^*-平坦部分空間をなす．また，$A+BF$ を安定行列とする F は，$P \in \mathscr{P}(A, B)$, $S \in \mathscr{A}(B)$ を用いて

$$F = -B^+(AP+PA^\mathrm{T}+I)\left(I-\frac{1}{2}BB^+\right)P^{-1} - B^+ S P^{-1} \tag{5.64}$$

と表わせる．さらに，$\mathscr{S}(A, B)$ の要素は，

$$A+BF = -\frac{1}{2}P^{-1} + (S_0(P)-S)P^{-1} \tag{5.65}$$

と書ける．ここに，$P \in \mathscr{P}(A, B)$, $S \in \mathscr{A}(B)$,

$$S_0(P) = AP + BB^+(AP+PA^\mathrm{T}+I)\left(I-\frac{1}{2}BB^+\right) + \frac{1}{2}I \tag{5.66}$$

である．　　　　　　　　　　　　　　　　　　　　　　　　　　　　□

ここでは，こうした幾何学構造の制御論的意味を述べなかった．しかし，ここでもポテンシャル関数とダイバージェンスが導入でき，Pythagoras の定理が成立する．これをシステムの設計やフィードバックの設計に利用することができる．たとえば，与えられたシステムの特性を最も良く近似するフィードバックの設計などである．これは今後に発展する話題である．

第6章

多元情報理論と統計的推論

情報理論は，与えられた通信容量の制約のもとで信号をなるべく忠実に伝送することを目的とし，このために信号の確率的構造を利用して符号系を設計する．これに対して統計学は，与えられた信号をもとにこれを発生した確率的構造の推論を目的とする．確率構造を基礎に理論を建設するところは同じでも，両者の理論構成は目的の違いによってまったく異なる．

多元情報理論において両者を結ぶ問題が現われる．互いに相関のある信号を発生する情報源が多地点に分散して存在するものを多元情報源という．各情報源は互いに独立に信号を符号化し情報圧縮をして伝送するが，この信号を総合する受信側は各信号を復号するのが目的ではなく，多元情報源の確率構造を推論することを目的とするとしよう．このとき，情報伝送には Shannon 情報量が関係し，統計的推論には Fisher 情報量が関係する．情報幾何学は，こうした Shannon 情報量と Fisher 情報量を結びつける問題を解決するための基本的枠組を提供する．

§6.1 多元情報の統計的推論

二つの情報源 X, Y があって，それぞれ有限個のアルファベットから文字信号を発生するとしよう．X の発生する長さ N の文字列を $x^N = x_1 x_2 \cdots x_N$, Y の発生する長さ N の文字列を $y^N = y_1 y_2 \cdots y_N$ とする．このとき，x と y とは相関を持ち，対 (x_i, y_i) はある同時確率分布 $p(x, y)$ にもとづいて各 i ごとに独立

に発生するものとする．確率分布がパラメータ ξ によって定まるときは，これを $p(x, y\,;\,\xi)$ と書く．

情報源 X, Y はそれぞれ独立に自分の信号系列を共通の受信端に送り，ここで確率分布 $p(x, y)$ についての統計的推論を行なう．もし，x^N と y^N がそのまま送られるならば，N 個の観測 (x^N, y^N) からの通常の統計的推論を行なえばよい．X から受信端への情報伝送路の容量が 1 文字当り R_X ビット，Y からの容量も R_Y ビットに制限されていたとしよう．このとき，x^N, y^N はそのままには送れず，情報圧縮をして送らねばならない．(R_X, R_Y) に応じてどのくらい質の良い統計的推論が可能か，またこのときどのような符号化を行なえばよいのだろうか(図 6.1 参照)．

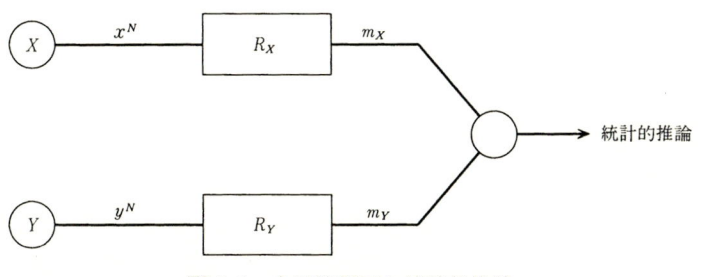

図 6.1　多元情報源と統計的推論

たとえば，x, y はそれぞれ 0, 1 の 2 値を取る信号であるとし，$N=1000, R_X=0.3, R_Y=0.4$ としよう．このとき，X, Y は 1000 ビットずつの文字列を発生するが，伝送できるのは X では符号化した 300 ビットの情報，Y では 400 ビットの情報に限られる．何を送れば，確率分布 $p(x, y)$ についての最も良い推論ができるかという問題である．

このような問題は多元情報論に特有な問題である．単一の情報源 X において確率分布 $p(x\,;\,\xi)$ で文字列を発生する場合を考えよう．ξ を推定するのに，x^N を送る必要はない．情報源において推定量 $\hat{\xi}=\hat{\xi}(x_1, \cdots, x_N)$ を計算し，その答 $\hat{\xi}$ を伝送すればよい．このとき，$\hat{\xi}$ は $1/\sqrt{N}$ 程度の推定誤差を含むから，$\hat{\xi}$ を 10 進数の実数としてそのうちの $\log N$ 桁を伝送すれば十分である．このために要する 1 文字当りの伝送情報量は，N が大きければ

§6.1 多元情報の統計的推論

$$\frac{\log N}{N} \longrightarrow 0$$

となるから，漸近的には1文字当り0ビットの情報伝送で，統計的推論の情報が送れる．検定のときには，棄却か受容かの1ビットを送ればよい．多元情報論では，X と Y とは互いに他の信号を知ることができない．したがって，それぞれ単独では良い推定量 $\hat{\xi}$ を得ることができない．特に両者の相関にかかわる情報が得られない．したがって，受信端で両者のデータを総合する必要がある．容量 R_x, R_y の制限のもとで情報を送った場合，どのような精度の推論が可能かという問題である．

符号化の問題から定式化していこう．1文字当り R_x ビットならば，通話路は全体で NR_x ビットの情報を通すことができる．そこで，通話路を通して伝えるメッセージを $m_x(x^N)$ とし，メッセージの集合を M_x とする．メッセージの総個数を $|M_x|$ とする．符号化とは，出現した系列 x^N に対してメッセージの一つを対応させることで，これは符号関数

$$f : \{x^N\} \longrightarrow M_x, \quad x^N \longmapsto m_x(x^N)$$

で表わせる．このとき，1文字当りの情報伝送率は

$$R_x = \lim_{N \to \infty} \frac{1}{N} \log |M_x| \tag{6.1}$$

である．簡単にいえば，伝送率が R_x なら符号として

$$|M_x| = 2^{NR_x} \tag{6.2}$$

の個数のメッセージの集合を選べる．$|M_x|$ として N の多項式程度の大きさのものを使うならば，R_x は $(\log N)/N$ のオーダーになるから，N が大きいとき $R_x \to 0$ となる．このような場合を漸近的に **0レートの伝送** という．また，情報源 Y についても同様のことがいえる．

受信側ではメッセージ $m_x(x^N)$ と $m_y(y^N)$ を受けとって統計的推論を行なう．推定の場合には，m_x と m_y に含まれる Fisher 情報量が問題となる．確率分布のパラメータが ξ のとき，符号の同時確率分布は

$$p(m_x, m_y ; \xi) = \sum_{m_x, m_y} p(x^N, y^N ; \xi) \tag{6.3}$$

である．ここに，$\sum$ は $m_x(x^N) = m_x, \ m_y(y^N) = m_y$ となるような x^N, y^N についての和である．

104   第6章　多元情報理論と統計的推論

符号の確率分布をもとに Fisher 情報量 $g_N(M_X, M_Y)$ が計算できる．このとき，$|M_X|<2^{NR_X}$, $|M_Y|<2^{NR_Y}$ の条件のもとで

$$g(R_X, R_Y) = \lim_{N\to\infty} \sup \frac{1}{N} g_N(M_X, M_Y) \tag{6.4}$$

を求めたい．この g の値と，そのときの符号化法を求めるのが推定問題である．このとき，メッセージから求めた最尤推定量 $\hat{\xi}$ は分散 $\{Ng(R_X, R_Y)\}^{-1}$ の正規分布に従う．

検定の場合も，仮説 $H_0: \xi=\xi_0$ に対して 対立仮説を $H_1: \xi_t=\xi_0+t/\sqrt{Ng}$ とおけば，その検出力は Fisher 情報量で与えられる．ここでは，対立仮説を N とともに変えることをせず，仮説 $H_0: p(x, y)=p_0(x, y)$ を対立仮説 $H_1: p(x, y)=p_1(x, y)$ のもとで検定する問題を考えよう．N が大きくなれば，検出力はいくらでも大きくなる．すなわち，真の分布が p_0 のとき H_0 を棄却する第1種の誤り確率を一定値 α 以下に固定しよう．このとき，真の分布が p_1 だったときに H_0 を受容してしまう第2種の誤り確率 P_E は，$2^{-N\beta}$ のように N に対して指数的に減少することが知られている (large deviation の理論)．

$$\beta = \lim_{N\to\infty}\left\{-\frac{1}{N}\log P_E\right\} \tag{6.5}$$

を**誤り指数**(error exponent)という．x^N, y^N がそのまま送られてくるならば，検定の誤り指数は α に関係せず

$$\beta = D(p_1, p_0) \tag{6.6}$$

であることが知られている．ここでは，情報伝送率が R_X, R_Y に限られているときの誤り指数

$$\beta(R_X, R_Y) = \lim_{N\to\infty} \sup\left\{-\frac{1}{N}\log P_E\right\} \tag{6.7}$$

を求めることが問題である．sup は伝送率が R_X, R_Y 以内のあらゆる符号化について取る．

これらの問題は未だに完全には解決していない．以下では，この問題の情報幾何学的構造を見るために，始めに0レートの検定問題，次に0レートの推定問題を述べ，最後に一般の場合にふれよう．

§6.2 0レートの検定理論

いま，X は $0, 1, \cdots, n$ の $n+1$ 個の文字，Y は $0, 1, \cdots, m$ の $m+1$ 個の文字を発生するものとし，その確率分布を

$$p(x, y) = \sum_{i,j} p_{ij} \delta_i(x) \delta_j(y) \qquad (6.8)$$

と書こう．ここに

$$p_{ij} = \mathrm{Prob}\{x{=}i,\ y{=}j\}$$

であり，$\delta_i(x)$ は $x{=}i$ のとき 1，あとは 0 の値を取る関数で，$\delta_j(y)$ も同様に定義する．(i, j) の組は全部で $(n{+}1)(m{+}1)$ あるから，これは $(n{+}1)(m{+}1)$ 個の要素の上の離散分布であり，この分布の全体は $(n{+}1)(m{+}1)-1$ 次元の指数型分布族 S をなす．ここで，次の変数を導入する．

$$\theta_X^i = \log \frac{p_{i0}}{p_{00}}, \qquad \theta_Y^j = \log \frac{p_{0j}}{p_{00}}$$
$$\theta_{XY}^{ij} = \log \frac{p_{ij} p_{00}}{p_{i0} p_{0j}} \qquad (i=1, \cdots, n\ ;\ j=1, \cdots, m) \qquad (6.9)$$

このとき

$$\begin{aligned}
l(x, y) &= \log p(x, y) \\
&= \theta_X^i \delta_i(x) + \theta_Y^j \delta_j(y) + \theta_{XY}^{ij} \delta_i(x) \delta_j(y) - \psi(\theta) \qquad (6.10)
\end{aligned}$$

と書ける．ただし，以後 i は 1 から n まで，j は 1 から m までについての和を取るものとし，

$$\psi(\theta) = -\log p_{00} \qquad (6.11)$$

である．このとき，$(\theta_X^i, \theta_Y^j, \theta_{XY}^{ij})$ は e-アフィン座標系であり，

$$\theta = (\theta_X^i, \theta_Y^j, \theta_{XY}^{ij})$$

と分解されている．対応する η-座標系は

$$\begin{aligned}
\eta_i^X &= E[\delta_i(x)] = p_{i\cdot} = \sum_{j=0}^{m} p_{ij} \\
\eta_j^Y &= E[\delta_j(y)] = p_{\cdot j} = \sum_{i=0}^{n} p_{ij} \\
\eta_{ij}^{XY} &= E[\delta_i(x) \delta_j(y)] = p_{ij}
\end{aligned} \qquad (6.12)$$

で与えられる．

$\eta^X = (\eta_i^X)$ と $\eta^Y = (\eta_j^Y)$ は, それぞれ x だけ, y だけに着目した確率分布である. これを周辺分布と呼ぶ. 一方, $\theta_{XY} = (\theta_{XY}^{ij})$ は, x と y との相互作用を表わす. (6.9)からわかるように, x と y とが独立ならば相互作用はなく,

$$p_{ij} = p_{i\cdot} p_{\cdot j}$$

と書けるから, $\theta_{XY} = 0$ である.

ここで, 簡単のため添え字 i, j を省略して

$$\theta = (\theta_X, \theta_Y, \theta_{XY}), \quad \eta = (\eta^X, \eta^Y, \eta^{XY})$$

と略記する. さらに, 両方から一部分を取り出した

$$\xi = (\eta^X, \eta^Y ; \theta_{XY}) \tag{6.13}$$

という座標成分の組合せを考えると, これも S の一つの座標系をなす. これを混合座標系と呼ぶ.

ここで, 周辺分布を η^X と η^Y で指定し, 周辺分布がこれに一致するような確率分布の全体を考えてみよう. これを

$$M(\eta^X, \eta^Y) = \{\text{周辺分布が固定した } \eta^X, \eta^Y \text{ であるような分布の全体}\}$$

と書くと, $M(\eta^X, \eta^Y)$ は S の m-平坦な部分空間となる. η^X, η^Y を変えていけば, このような空間全体で S を埋めつくすから, このような M の集まりは S の**葉層化**(foliation)である.

一方, θ_{XY} の値が同じであるような確率分布の集まり

$$E(\theta_{XY}) = \{\theta_{XY}^{ij} \text{ の座標が与えられた値 } \theta_{XY} \text{ をとる分布の全体}\}$$

を考えると, これは S の e-平坦な部分空間となる. このような E の集まりは S のもう一つの葉層化である.

ここで, 部分空間 $E(\theta_{XY})$ の接方向を調べてみる. $E(\theta_{XY})$ では θ_{XY} の値が固定され, θ_X と θ_Y は自由に動ける. したがって, その接方向は $\{e_i^X, e_j^Y\}$ が張る. e_i^X は θ_X^i の, e_j^Y は θ_Y^j の自然基底である. 一方, $M(\eta^X, \eta^Y)$ では η^{XY} のみが自由に変えられるから, $e*_{ij}^{XY}$ を η-座標系の η_{ij}^{XY} に対応する自然基底として, その接方向は $\{e*_{ij}^{XY}\}$ が張る. ところが, θ-座標と η-座標は互いに双対であり, $\{e_i^X, e_j^Y\}$ と $\{e*_{ij}^{XY}\}$ とは互いに直交する方向である. こうして, $\{M\}$ と $\{E\}$ とは互いに直交する S の葉層化であることがわかる. これは§3.5で述べた直交双対葉層化に他ならない(図3.4参照).

いま, $P_0 = p_0(x, y)$ と $P_1 = p_1(x, y)$ の二つの確率分布が与えられたとしよ

§6.2 0レートの検定理論

う．P_0, P_1 の混合座標を

$$P_0 : (\eta_X^0, \eta_Y^0; \theta_0^{XY}), \qquad P_1 : (\eta_X^1, \eta_Y^1; \theta_1^{XY})$$

とする．このとき，新しい点 $\bar{P}$ を混合座標で

$$\bar{P} : (\eta_X^0, \eta_Y^0; \theta_1^{XY})$$

で定義しよう．$\bar{P}$ は周辺分布が P_0 と同じ，相互作用が P_1 と同じ点である（図 6.2）．このとき，P_0 と $\bar{P}$ とは同一の m-平坦空間 $E(\eta_X^0, \eta_Y^0)$ 上に，$\bar{P}$ と P_1 とは同一の e-平坦空間 $E(\theta_{XY}^1)$ 上にあり，両者は直交しているから Pythagoras の定理により

$$D(P_1, P_0) = D(P_1, \bar{P}) + D(\bar{P}, P_0) \tag{6.14}$$

が成立する．

話をもとに戻して，漸近的に 0 レートの情報伝送しかできない条件のもとで，仮説 $H_0 : P_0$ を固定した対立仮説 $H_1 : P_1$ に対して検定する問題を考える．いま発生した信号列を x^N, y^N とすれば，ここから観測点として S の 1 点

$$\hat{\eta} = (\hat{\eta}^X, \hat{\eta}^Y, \hat{\eta}^{XY})$$

が定まる．より詳しくは

$$\hat{\eta}_i^X = \frac{1}{N}\sum_{t=1}^{N} \delta_i(x_t), \qquad \hat{\eta}_j^Y = \frac{1}{N}\sum_{t=1}^{N} \delta_j(y_t)$$
$$\hat{\eta}_{ij}^{XY} = \frac{1}{N}\sum_{t=1}^{N} \delta_{ij}(x_t, y_t) \tag{6.15}$$

で，これは観測データをもとにした経験分布の η-座標である．

ところで，情報源 X では，y^N のデータを知らずに，x^N だけの関数としてメッセージ m_X を定めなければならない．いま，$m_X(x^N)$ として $x_1, \cdots, x_N$ の対称関数を考えるとすれば，答は $\hat{\eta}^X = (\hat{\eta}_i^X)$ またはその関数に限られる．$\hat{\eta}_i^X$ は $\{0, N^{-1}, 2N^{-1}, \cdots, 1\}$ の $N+1$ 個の値をとり，成分 i は 1 から n までを走るから，メッセージ m_X として $\hat{\eta}^X$ を送信するとき，符号として現われる m_X の総数 $|M_X|$ はたかだか $(N+1)^n$ である．このときの情報伝送レートは

$$\frac{\log|M_X|}{N} \leqq \frac{n \log(N+1)}{N} \sim 0 \tag{6.16}$$

で，この符号は漸近的に 0 レートの条件を満たす．情報源 Y についても，符号として $m_Y = \hat{\eta}^Y$ を送ることにしよう．

0 レート伝送では十分統計量 $\hat{\eta} = (\hat{\eta}^X, \hat{\eta}^Y, \hat{\eta}^{XY})$ のうちで，受信端で利用で

108　　　第6章　多元情報理論と統計的推論

きるのは，周辺分布の情報 $(\bar{\eta}^X, \bar{\eta}^Y)$ のみである．$\bar{\eta}^{XY}$ は X と Y とで情報交換をしなければ生成できないから，0レートでは得られない．受信端では，検定統計量 λ を $(\bar{\eta}^X, \bar{\eta}^Y)$ の関数として作る．受容域の境界は

$$\lambda(\eta^X, \eta^Y) = c \tag{6.17}$$

という形をしている．すなわち，境界はこの(6.17)を満たす (η^X, η^Y) に対する $M(\eta^X, \eta^Y)$ を集めてできている．

　P_0 が真の分布のとき，$(\bar{\eta}^X, \bar{\eta}^Y)$ は $N \to \infty$ で真の分布の周辺分布 (η_0^X, η_0^Y) に確率収束する．いま，受容域として，$M(\eta_0^X, \eta_0^Y)$ を含むシリンダー状の領域を考える(図6.2)．受容域 A が $E(\eta_0^X, \eta_0^Y)$ の開近傍を含むならば，$N \to \infty$ になるにつれ，$(\bar{\eta}^X, \bar{\eta}^Y)$ が A に含まれる確率は 1 に収束する．したがって，第1種の誤り確率は 0 に収束する．すなわち，任意の α に対して，N を十分に大きく取るならば，第1種の誤り確率は α 以下になっている．

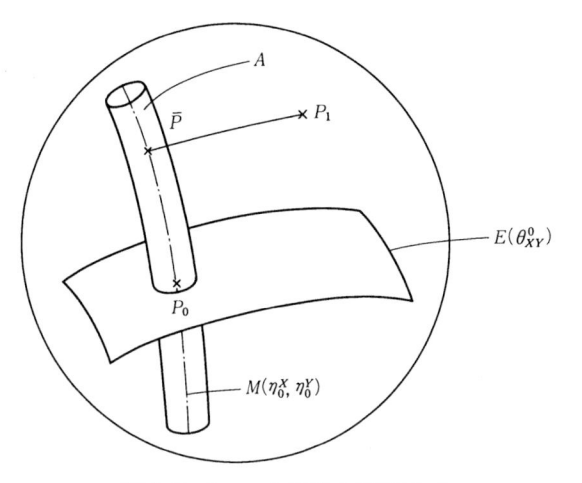

図6.2　0レート伝送の受容域 A

　第2種の誤り確率を求めるために，large deviation の理論を述べておこう．ここでの問題では，これは多項分布の組合せから簡単に証明できる．

　補題6.1　確率分布 P から発生する N 個の独立な確率変数の経験分布 $\bar{\eta}$ が領域 K に入る確率は，

$$\beta = \inf_{Q \in K} D(P, Q) \tag{6.18}$$

として漸近的に

§6.3 0レートの推定理論　　　　109

$$P(\hat{\eta} \in K) = \exp\{-\beta N\} \qquad (6.19)$$

である。　　　　　　　　　　　　　　　　　　　　　　　　　　　☐

この補題を用いれば、誤り指数は

$$\beta(A) = \inf_{Q \in A} D(P_1, Q) \qquad (6.20)$$

を A について最小化したもので与えられる。A は $M(\eta_0^X, \eta_0^Y)$ を含めばいくらでも小さくできるから、

$$\inf_A \beta(A) = \inf_{Q \in E(\eta_0^X, \eta_0^Y)} D(P_1, Q) = D(P_1, \bar{P}) \qquad (6.21)$$

である。

これで、m_X と m_Y として $\hat{\eta}_X, \hat{\eta}_Y$ を送る場合の誤り指数が得られた。0レートの信号として他のメッセージを送った場合に、これより良い値が得られないことを証明するには、情報理論の技巧がいるのでここでは述べない。

定理6.1　0レートの情報伝送で、$H_0 : P_0$ を $H_1 : P_1$ に対して検定するときの最良の誤り指数は $D(P_1, \bar{P})$ で与えられる。　　　　　　　　☐

§6.3　0レートの推定理論

スカラーパラメータ ξ によって指定される統計的モデル $M = \{p(x, y ; \xi)\}$ を考えてみよう。1対のデータ (x, y) の含む Fisher 情報量は、$l = \log p$, $\dot{l} = (d/d\xi)\, l$ として、

$$g(\xi) = E[\{\dot{l}(x, y ; \xi)\}^2] \qquad (6.22)$$

で与えられる。これは分布 M の与える曲線の接線の長さの2乗である。N 個の観測値 x^N, y^N が与えられたときは、十分統計量 $(\hat{\eta}^X, \hat{\eta}^Y, \hat{\eta}^{XY})$ の分布を用いて、Fisher 情報量を計算すると

$$Ng(\xi) = E[\{\dot{l}(\hat{\eta}^X, \hat{\eta}^Y, \hat{\eta}^{XY})\}^2] \qquad (6.23)$$

であって、1個のデータの N 倍の情報量を持つ。

0レートの情報伝送によって、周辺分布の情報 $\hat{\eta}^X, \hat{\eta}^Y$ のみが送られ、$\hat{\eta}^{XY}$ の情報量は失われたとしよう。このときに、m_X, m_Y の確率分布をもとにした $(d/d\xi) \log p(m_X, m_Y ; \xi)$（スコア関数）は、一般に

$$\dot{l}(m_X, m_Y ; \xi) = E[\dot{l}(\hat{\eta}^X, \hat{\eta}^Y, \hat{\eta}^{XY}|m_X, m_Y)] \qquad (6.24)$$

のように条件付き期待値の形で書ける. m_X, m_Y のもつ Fisher 情報量は

$$Ng_M(\xi) = E[\{\dot{l}(m_X, m_Y; \xi)\}^2] \qquad (6.25)$$

である.

$g_M(\xi)$ を計算するために

$$\tilde{x}_i = \sqrt{N}(\hat{\eta}_i^X - p_{i\cdot}), \qquad \tilde{y}_j = \sqrt{N}(\hat{\eta}_j^Y - p_{\cdot j})$$
$$\tilde{w}_{ij} = \sqrt{N}(\hat{\eta}_{ij}^{XY} - p_{ij}) \qquad\qquad (6.26)$$

とおく. これらは中心極限定理によって, まとめて多次元正規分布をしている. このとき, スコア関数は

$$\dot{l}(\hat{\eta}^X, \hat{\eta}^Y, \hat{\eta}^{XY}; \xi) = \sqrt{N}(\dot{\theta}_X^i \tilde{x}_i + \dot{\theta}_Y^j \tilde{y}_j + \dot{\theta}_{XY}^{ij} \tilde{w}_{ij}) \qquad (6.27)$$

と書ける.

一方, m_X, m_Y は $(\tilde{x}_i, \tilde{y}_j)$ の張る確率変数の空間に入っているから, 条件付き期待値 $\dot{l}(m_X, m_Y; \xi)$ は $\dot{l}(\hat{\eta}^X, \hat{\eta}^Y, \hat{\eta}^{XY}; \xi)$ の $(\tilde{x}_i, \tilde{y}_j)$ の張る線形空間への射影である. $\tilde{x}_i, \tilde{y}_j$ は $\tilde{w}_{ij}$ とは直交していないから, $\dot{l}$ のうちで単に $\tilde{x}_i$ と $\tilde{y}_j$ の一次結合の部分を取り出すだけでは射影はできない.

線形代数の手法によって, この射影を求めよう. このため, S の η-座標系で (η_i^X, η_j^Y) の部分をまとめて (η_a) と一つのインデックスで表わそう. インデックス a は $a = (i, j)$ のペアである. また, θ-座標系を用いたときの Fisher 情報行列の対応する部分を (g_{ab}) とし, その逆行列を $(\bar{g}^{ab})$ とおく.

定理6.2 漸近的0レートの情報伝送の Fisher 情報量は

$$g_M(\xi) = \dot{\eta}_a \dot{\eta}_b \bar{g}^{ab} \qquad (6.28)$$

で与えられる. このとき推定量 $\hat{\xi}$ は射影スコア関数を用いて

$$E[\dot{l}(\hat{\eta}^X, \hat{\eta}^Y, \hat{\eta}^{XY}; \xi) | \hat{\eta}^X, \hat{\eta}^Y] = 0 \qquad (6.29)$$

の解で与えられ, 推定量 $\hat{\xi}$ は漸近的に平均 ξ, 分散 $g_M(\xi)^{-1}N^{-1}$ の正規分布に従う. ☐

§6.4 一般の多元情報の推論問題

これまで, 0レート伝送というきわめて特殊な場合に限って, 検定と推定の理論を眺めてみた. ここでは情報幾何学的な構造に焦点を当てたが, この問題

§6.4 一般の多元情報の推論問題

には空間 S の幾何学構造と符号化の仕組の両方が関係している。一般の R_X, R_Y の伝送率のもとでの統計的推論はまだ未解決の問題である。しかし解決の方向が見えてきている。

符号化は，x^N から 2^{NR_X} 個のメッセージからなる集合 M_X への写像である。このとき，ある有限個の値をとる確率変数 U を考え，三つの確率変数 $U, X,$ Y は

$$U - X - Y \tag{6.30}$$

の関係で Markov 的であるとする。これは情報理論でよく使う概念で，X の要素 x を固定すれば U と Y とは独立であることを意味する。情報幾何学的には，指数型分布族

$$
\begin{aligned}
p(u, x, y) = \exp\{ & \theta_U^i \delta_i(u) + \theta_X^j \delta_j(x) + \theta_Y^k \delta_k(y) \\
& + \theta_{UX}^{ij} \delta_{ij}(u, x) + \theta_{UY}^{ik} \delta_{ik}(u, y) + \theta_{XY}^{jk} \delta_{jk}(x, y) \\
& + \theta_{UXY}^{ijk} \delta_{ijk}(u, x, y) \}
\end{aligned} \tag{6.31}
$$

を考えたとき，

$$\theta_{UY}^{ik} = 0, \qquad \theta_{UXY}^{ijk} = 0 \tag{6.32}$$

を意味する。ここで変数は

$$\theta_{UXY}^{ijk} = \log \frac{p_{ijk} p_{i00} p_{0j0} p_{00k}}{p_{ij0} p_{0jk} p_{i0k} p_{000}} \tag{6.33}$$

などで，(6.9)の拡張になっている。

次に，V を同じく Markov 条件

$$V - Y - X \tag{6.34}$$

を満たす確率変数とする。さらに，$I(X:U)$ を確率変数 U と X との間の相互情報量

$$I(X:U) = E\left[\frac{p(x, u)}{p(x) p(u)} \right] \tag{6.35}$$

として，

$$
\begin{aligned}
I(X:U \,|\, V) \leq R_X, \qquad I(Y:V \,|\, U) \leq R_Y, \\
I(UV:XY) \leq R_X + R_Y
\end{aligned} \tag{6.36}
$$

という条件を付ける。ここで $I(X:U \,|\, V)$ は，V がわかっているという条件のもとでの X と U の相互情報量である。

112   第6章　多元情報理論と統計的推論

　文字列 x^N, y^N の代わりに，これと確率的に関連している文字列 u^N, v^N を送るとしよう．u^N と v^N とはそれぞれ x^N と y^N に確率的に雑音が入ったものとみなせる．これは確率的な符号化であるが，情報理論の多くの問題では，符号化定理が証明できて，この特性と漸近的に同等の確率的でない符号系 $f:\{x^N\}$ $\to M_X,\ h:\{y^N\}\to M_Y$ の存在が証明できる．確率変数 u, v をもとにする特性の議論は符号系 f, h を用いるときとは違って，1文字 u, v についての特性の議論ですむ．これを特性の**単文字化**(single letterization)という．

　われわれの問題は，

　(1)　多元統計的推論の特性は単文字化可能か，

これが可能とすれば，

　(2)　単文字化したときの特性をどう求めるか，

の二つに分解できる．(2)については，確率分布族 $\{p(u, x, y, v)\}$ の幾何学が本質的に重要な役割を果たし，この問題を解決する．すなわち，これらの四重の経験分布のうちから，送信できる周辺分布と，$\bar{\eta}^{XY}$ のように送信できない情報とに分け，幾何学を展開すればよい．

　他方，単文字化については，Ahlswede らが統計的推論の問題は単文字化不可能であることを示している．しかし，$(\bar{\eta}^X, \bar{\eta}^Y)$ を0レートで付加的に送信し，これに関する条件付き推論の特性は単文字化可能であると信ずべき理由がある．この方向で，本問題の完全な解決が得られることが期待される．

第 7 章

情報幾何のこれからの話題

　情報幾何学は確率分布族の作る空間のもつ自然な構造として発展してきた.
しかし,そこから現われた双対接続をもつ Riemann 空間という構造は,確率
に関係する分野はもとよりそれ以外の広い分野で,その本質的構造をあばき出
す方法を与える. ここから新しい理論の発展が期待できる. とくに,凸関数や
Legendre 変換が現われる局面では,その自然な幾何学構造が双対平坦な空間
になっている. この意味で,情報理論や統計物理学の体系を双対幾何学の立場
から見なおすことは意味がある. 確率論における large deviation についても
同様である. 本章では,これから発展すべき情報幾何学のいくつかの話題や,
数学として発展させて解決すべき問題を示すことにしよう.

§7.1　凸解析と線形計画の内点法の幾何学

　$\mathbf{R}^n$ の区分的に滑らかな開領域 M を考えよう. $\mathbf{R}^n$ の座標を θ とし,ここに
滑らかな凸関数 $\psi(\theta)$ が定義されていたとする. 領域 M が凸な場合に,M 上
に次のように凸関数を定義できる. M を区分的に滑らかな関数 $f(\theta)$ を用いて

$$M = \{\theta | f(\theta) > 0\}$$

で定義しよう. このとき,領域 M の境界 ∂M の $n-1$ 次元の位置ベクトルを ω
とし,M 上の関数 ψ を

$$\psi(\theta) = -\int_{\partial M} \log \{\partial_i f\{\theta(\omega)\}[\theta^i - \theta^i(\omega)]\} \mathrm{d}\omega \tag{7.1}$$

114 第7章 情報幾何のこれからの話題

で定義する．これは凸関数である．

とくに M が m 枚の超平面に囲まれた領域として

$$M = \left\{ \theta \,\middle|\, \sum_{i=1}^{m} A_i^\mu \theta^i - b^\mu > 0, \ \mu = 1, \cdots, m \right\} \tag{7.2}$$

で定義されている場合には，上記の凸関数は

$$\phi(\theta) = -\sum_{\mu=1}^{m} \log \left(\sum A_i^\mu \theta^i - b^\mu \right) \tag{7.3}$$

と書ける．M 上で線形関数 $\sum c_i \theta^i$ を最小化するのが**線形計画法**(linear programming)の問題である．

凸関数 ϕ をもとに，M 上に自然に Riemann 計量行列

$$g_{ij}(\theta) = \partial_i \partial_j \phi(\theta) \tag{7.4}$$

が定義できる．さらに，Legendre 変換

$$\eta_i = \partial_i \phi(\theta) \tag{7.5}$$

を行なえば，これは θ から η への一対一の写像であって，双対的に凸関数

$$\varphi(\eta) = \max_\theta \left[\theta^i \eta_i - \phi(\theta) \right] = \theta^i(\eta) \eta_i - \phi\{\theta(\eta)\} \tag{7.6}$$

が導入される．このとき，逆変換は

$$\theta^i = \partial^i \varphi(\eta) \tag{7.7}$$

であり，二つの関数 ϕ, φ は

$$\phi(\theta) + \varphi(\eta) - \theta^i \eta_i = 0 \tag{7.8}$$

を満たす．

二つの凸関数 ϕ, φ をもとに，M に双対平坦な双対接続の構造が導入できる．すなわち，θ-座標系で定義される

$$T_{ijk} = \partial_i \partial_j \partial_k \phi(\theta) \tag{7.9}$$

をもとに，α-接続を

$$\Gamma_{ij,k}^{(\alpha)}(\theta) = [ij \,;\, k] - \frac{\alpha}{2} T_{ijk} \tag{7.10}$$

で定義すればよい．ただし，$[ij \,;\, k]$ は Riemann 接続の係数(1.67)である．この空間は $\alpha = \pm 1$ で平坦であり，θ, η がそれぞれのアフィン座標系をなす．また，2点 P, Q の間のダイバージェンスは

$$\begin{aligned} D(P, Q) &= \phi(P) + \varphi(Q) - \theta_P^i \eta_{Qi} \\ &= \phi(P) - \phi(Q) + (\theta_Q^i - \theta_P^i) \partial_i \phi(Q) \end{aligned} \tag{7.11}$$

となる.

この場合, $\phi(\theta)$ を最小にする点 θ_0 が M に入っていれば, その η-座標は

$$\eta_{0i} = 0 \tag{7.12}$$

となる. とくに $\phi(\theta_0) = 0$ となるように定めれば

$$D(P, P_0) = \phi(P) \tag{7.13}$$

である.

このように, 凸問題や Legendre 変換の背後には, 双対幾何学が本質的な構造として潜んでいることに注意すべきである.

凸領域 $\bar{M}$ で, 線形関数

$$V(\theta) = c_i \theta^i \tag{7.14}$$

を最小にする点 θ を求める問題が数理計画法でよく現われる. とくに(7.2)の場合が線形計画法である. ここで, V の gradient 方向に点を変化させる勾配流(gradient flow)

$$\dot{\theta}^i = -g^{ij}(\theta)\,\partial_j V = -g^{ij} c_j \tag{7.15}$$

を考えてみよう. ただし, $\dot{\theta}^i = (\mathrm{d}/\mathrm{d}t)\,\theta^i$ である. これを離散的に解くのが, Karmarkar の内点法の一つで, アファイン射影法と呼ばれるものである. これは双対座標で書けば,

$$\dot{\eta}_i = -c_i \tag{7.16}$$

であるから, その軌跡は双対測地線になっている. つまり, この内点法の解は双対測地線にそって進行していく.

一方, この種の勾配系を完全積分可能な力学系として考えようという試みがある. これは, 他にも行列の QR 分解や, 組合せ問題を連続領域に埋め込んでそのダイナミックスとして解く試みと関係している. この種の試みは, 完全可積分力学系と双対幾何学とを結びつける新しい発展をもたらす可能性がある.

§7.2　ニューロ多様体と非線形システム

入力信号 x を受けてこれを出力信号 y に変換する非線形のシステムを与えよう. このシステムは有限次元のパラメータ ξ でその構造が指定できるとする. このとき, 入出力関係は

$$y = f(x; \xi) \tag{7.17}$$

のように表わせる．システムが確率的に動作する場合，また雑音が介入する場合は，入出力関係は確率的になり，入力が x のときの出力 y の確率分布は，条件付き確率

$$p(y \mid x; \xi) \tag{7.18}$$

で表わされる．とくに入力信号の確率分布が $q(x)$ であれば，ξ によって指定される一つのシステムを確率分布 $q(x)p(y \mid x; \xi)$ と同一視できる．したがって，情報幾何の手法を用いて非線形システムが作る多様体の構造を調べることができる．確率的に動作するニューロンよりなる非線形システムはこの典型的なものである．

例として最も簡単な **Boltzmann 機械**と呼ぶ神経回路網モデルを取り上げよう．これは n 個の確率的ニューロンを結合してできる回路網である．一つの確率的ニューロン N_i $(i=1, \cdots, n)$ の状態 x_i は 0 か 1 の値を取り，この x_i を自分の出力として他のニューロンに伝える．ニューロン N_i は他のニューロン N_j $(j \neq i)$ からその出力 x_j を受け取り，線形和

$$u_i = \sum_{j \neq i} w_{ij} x_j - h_i \tag{7.19}$$

を計算する．ここに，w_{ij} はニューロン N_j がニューロン N_i に与える影響の強さで，シナプス結合の荷重と呼ばれる．h_i をしきい値と呼ぶ．また，$w_{ij}=w_{ji}$，$w_{ii}=0$ としよう．1 個のニューロン N_i は，次の時間に興奮して $x_i=1$ となるか，興奮せず $x_i=0$ かを，u_i にもとづいて次の確率

$$\mathrm{Prob}\{x_i = 1\} = \frac{\exp\{u_i\}}{1 + \exp\{u_i\}} \tag{7.20}$$

で決める．また，一つの時間には一つのニューロンのみが状態を変えることができるとする．

回路網の状態をベクトル $x = (x_1, \cdots, x_n)$ で表わそう．状態はニューロン間の相互作用によって確率的に変化していく．これは明らかに 2^n 個の要素からなる状態空間 $X = \{x\}$ 上の Markov 連鎖をなす．この連鎖の定常状態は

$$p(x) = Z^{-1} \exp\{-E(x)\} \tag{7.21}$$

$$E(x) = -\frac{1}{2} \sum w_{ij} x_i x_j + \sum h_i x_i \tag{7.22}$$

であることが簡単な計算によってわかる. ただし, $Z \overset{\text{def}}{=} \sum_{x} \exp\{-E(\boldsymbol{x})\}$ とおいた.

Boltzmann 機械を, (7.21)の定常確率に従って状態を生成する装置と考えよう. これを拡張して, 状態を観測できるニューロンと内部に隠れているニューロンに分け, 入力に応じて, 必要な状態をある条件付き確率に従って生成する装置とみることもできる.

Boltzmann 機械の生成する定常確率分布の全体は, $\theta = (w_{ij}, h_i)$ をパラメータとする指数型分布族 M をなす. 一つの定常分布は一つの Boltzmann 機械に対応するから, M を Boltzmann 機械全体のつくる多様体と考えると, ここに双対接続の幾何学構造が導入できる.

状態空間 $X = \{\boldsymbol{x}\}$ 上のありとあらゆる確率分布全体のつくる多様体を S とすれば, これは $2^n - 1$ 次元の双対平坦な空間であり, M はこの中に埋め込まれた $\frac{1}{2}n(n+1)$ 次元の e-自己平行な部分多様体である. M 自身はまた双対平坦の部分空間になっている.

M を用いて, S の与えられた分布 $q(\boldsymbol{x})$ を近似的に実現する問題, さらにこの近似をパラメータ ξ を学習によって調節しながら達成する問題が, ニューラルネットワークの分野で議論されている. これは双対幾何学を用いてきわめて明解に解ける問題である. しかし, いわゆる隠れ素子(hidden units)を含む分布などのつくる空間は双対平坦にはならない. このときは統計学の EM アルゴリズムが有用であり, その微分幾何学的基礎が与えられる. また, 定常分布でなく状態遷移そのもののダイナミックスを論ずる動的なニューラルネットなど, 今後の発展が期待される. 最近議論されている, 専門家ネットを総合した分業ニューラルネットも情報幾何のよい研究対象である.

§7.3 Lie 群と情報幾何

Lie 群は代数構造をもつ多様体で, 古くからその構造が詳しく研究されている. しかし, ここにも不変な双対接続の構造が内在しており, その観点からの新しい発展が考えられる. 完全積分可能な力学系として, また多くの応用の観点から注目されている Lax 型の行列の微分方程式も, この観点から論ずるこ

とができる．ここでは，群構造をもつ確率分布族について述べよう．

まず導入として，Lie 群構造を許容する確率分布の族から話を始める．パラメータ ξ で指定される確率変数 x の分布関数の族 $S=\{p(x;\xi)\}$ を考えよう．ここでパラメータの空間 $\Xi=\{\xi\}$ は ξ を局所座標系とする Lie 群をなし，群の要素 ξ は ξ' に $\xi\xi'$ のように左から作用するものとする．Ξ の単位元を e と書こう．また，Ξ は確率変数の空間 X にも作用するものとし，ξ の逆元 ξ^{-1} の x に対する作用を

$$k(\xi, x) = \xi^{-1}\circ x \tag{7.23}$$

と書く．

S の確率密度関数 $p(x;\xi)$ が任意の $\tau \in \Xi$ に対して

$$p(x;\xi)\mathrm{d}x = p(\tau\circ x;\tau\xi)\mathrm{d}(\tau\circ x) \tag{7.24}$$

を満たすとき，S は群構造 Ξ を許容するという．このとき，

$$p(x;\xi) = p(\xi^{-1}\circ x;e)\left|\frac{\partial k(\xi, x)}{\partial x}\right| \tag{7.25}$$

が成立するから，確率分布はパラメータ ξ の単位元における分布と群構造とによって完全に規定されている．例をあげよう．

例 7.1 location-scale モデル

$\xi=(\mu, \sigma)$, $\sigma>0$ とし，

$$\xi\circ x = \sigma x+\mu, \qquad \xi^{-1}\circ x = \frac{x-\mu}{\sigma} \tag{7.26}$$

という変換を考える．ξ は確率分布を μ だけ平行にずらし，その分散を σ 倍することに対応する．このとき，ξ は $e=(0,1)$ を単位元とする Lie 群をなす．確率分布は location-scale モデルと呼ばれ，

$$p(x;e) = f(x) \tag{7.27}$$

とすれば，

$$p(x;\xi) = \frac{1}{\sigma}f\left(\frac{x-\mu}{\sigma}\right) \tag{7.28}$$

となる．$\boldsymbol{x}=(x_1, x_2)$ とし，x_1, x_2 は独立で同一分布に従うとすると，

$$p(\boldsymbol{x};\xi) = \frac{1}{\sigma^2}f\left(\frac{x_1-\mu}{\sigma}\right)f\left(\frac{x_2-\mu}{\sigma}\right) \tag{7.29}$$

となり，ξ は等質空間 $X=\{\boldsymbol{x}\}$ に推移的に働き，isotropy group はない．この

§7.3 Lie 群と情報幾何

とき

$$k(\xi, \boldsymbol{x}) = \xi^{-1} \circ \boldsymbol{x} = \left(\frac{x_1 - \mu}{\sigma}, \frac{x_2 - \mu}{\sigma} \right) \tag{7.30}$$

となる. □

このような群構造を許容する統計的モデルに自然に導入される幾何学構造はどのようなものであろうか. この幾何学構造は, Lie 群の構造にどのように関係し, また原点での分布 $f(\boldsymbol{x})$ にどう関係するかに興味がある. もう一つは, 適当な分布 f を仮定することによって, Lie 群 $\varXi$ に, 群の左作用に不変な Riemann 計量と双対接続を導入できる. これは Lie 群の研究に新しい局面を開くことが期待できる.

ここで, 群 $\varXi$ は X に推移的に作用するものとし, $\varXi$ と X とを同一視する. つまり $\varXi \cong X$ とする. このとき,

$$B_j^i(\xi) = \frac{\partial}{\partial x^j} k^i(\xi, x)\Big|_{x=\xi} \tag{7.31}$$

$$C_{jk}^i(\xi) = \frac{\partial^2}{\partial x^i \partial x^k} k^i(\xi, x)\Big|_{x=\xi} \tag{7.32}$$

とおく. すると, 確率分布に関する $\varXi$ の幾何学構造は, 原点 e における構造から一意的に決定されることを示す次の定理が成立する.

定理 7.1

$$g_{ij}(\xi) = B_i^k(\xi) B_j^m(\xi) g_{km}(e) \tag{7.33}$$

$$T_{ijk}(\xi) = B_i^l(\xi) B_j^m(\xi) B_k^s(\xi) T_{lms}(e) \tag{7.34}$$

$$\varGamma_{ij,k}(\xi) = B_i^l B_j^m B_k^s \varGamma_{ij,k}(e) + C_{ij}^m B_k^l g_{ml}(e) \tag{7.35}$$

これらの諸量は, 群の左作用による接空間の間の対応に関して不変である. □

一方, 原点における計量および α-接続は, 群の構造を示す $k(\xi, x)$ とともに, 波形 $f(x)$ にも依存して決まる. これに関しては

$$r_j^i(x) = \frac{\partial}{\partial \xi^j} k^i(\xi, x)\Big|_{\xi=e} \tag{7.36}$$

とおいて,

$$\partial_i \log p(x \,;\, \xi) = r_i^k(x)\, \partial_k \log f(x) + \partial_k r_i^x(x) \tag{7.37}$$

などから計算できる. とくに適当な密度のもとで, 簡単な $f(x)$ の波形を考えることにより $\varXi$ に適当な幾何学構造が導入できる.

群構造を許容する空間は，この意味で一様であり，定曲率の空間になる．したがって，ここでは黒瀬の定曲率空間における双対ダイバージェンスと拡張Pythagoras定理が有用である．また，補助統計量の存在条件もこの構造に関係していると思われる．

§7.4　量子観測の情報幾何

量子力学では，量子状態としてHilbert空間に作用する密度行列Pを対応させる．Pは正定値のHermite演算子で，トレースが1のものである．ここで量子観測を考えると，観測対象の物理量(オブザーバブル)を表現するHermite演算子Aに対応して，その観測結果は確率的に定まり，その期待値は

$$\langle A \rangle = \mathrm{tr}(PA) \tag{7.38}$$

で与えられる．話を簡単にするため，Hilbert空間は有限次元であるとすると，PやAはHermite行列で表わされる．仮に，Pが対角行列であって，その対角成分がp_iだったとしよう．すると，$p_i > 0$で

$$\sum p_i = 1$$

となっていて，これは状態がiにある確率がp_iであり，Aの対角成分をa_iとすれば，

$$\langle A \rangle = \sum p_i a_i$$

となって古典確率論の世界に対応する．したがって，量子力学の体系は，確率論のある種の拡張とみなすことができる．この立場に立つとき，確率論におけるさまざまな概念の量子力学への拡張を考えることができる．例えば，確率分布のなす多様体(統計的モデル)上のFisher計量やα-接続に対応して，密度行列のなす多様体(量子統計的モデル)上にもRiemann計量やアファイン接続が導入される．数学的な対応だけを考える場合，Fisher計量やα-接続の量子版としてはいろいろな可能性を考えることができる(Ingarden, Petz, Balian, 長岡，長谷川，藤原，etc.)のだが，ここではそのうちのひとつについてごく簡単に紹介しよう．

長谷川に従って，二つの密度行列P, Qのα-ダイバージェンスを

§7.4 量子観測の情報幾何

$$D^{(\alpha)}(P, Q) = \frac{4}{1-\alpha^2}\left(1 - \mathrm{tr}\, P^{\frac{1-\alpha}{2}}Q^{\frac{1+\alpha}{2}}\right) \qquad (\alpha \neq \pm 1) \qquad (7.39)$$

$$D^{(-1)}(P, Q) = D^{(1)}(Q, P) = \mathrm{tr}\, P(\log P - \log Q) \qquad (7.40)$$

としよう．これらは§3.4で導入したα-ダイバージェンスの量子版とみなせる．とくに$D^{(\pm 1)}$はKullbackダイバージェンスの量子版であり，量子相対エントロピー，梅垣エントロピーなどと呼ばれている．ここで密度行列を要素とする多様体 $S = \{P_\xi\,;\, \xi = [\xi^1, \cdots, \xi^n] \in \varXi\}$ を考え，

$$\Gamma_{ij,k}^{(\alpha)}(\xi) = -\partial_i\partial_j\partial_k' D^{(\alpha)}(P_\xi, P_{\xi'})\,|_{\xi=\xi'} \qquad (7.41)$$

$$g_{ij}^{(\alpha)}(\xi) = -\partial_i\partial_j' D^{(\alpha)}(P_\xi, P_{\xi'})\,|_{\xi=\xi'} \qquad (7.42)$$

とおけば，S上にα-接続$\nabla^{(\alpha)}$およびα-計量$g^{(\alpha)}$が定義される．これらは古典的な場合のα-接続およびFisher計量の対応物ではあるが，一般には$g^{(\alpha)}$はαごとに異なる．

これを具体的に見てみよう．一般に密度行列Pは，対角行列$\Lambda = \mathrm{diag}(\lambda_1, \cdots, \lambda_n)$とユニタリ行列$U$を用いて

$$P = U\Lambda U^* \qquad (7.43)$$

と表わされる．ここで，$\{\lambda_1, \cdots, \lambda_n\}$は$P$の固有値であり，$P = P^* > 0$および$\mathrm{tr}\, P = 1$より，$\lambda_i > 0$および$\sum_i \lambda_i = 1$が成り立つ．いま，$P$を$dP$だけ微小変化させることを考えると，この変化方向は，固有値$\{\lambda_i\}$が変化する方向

$$\mathrm{d}_c P = U\,\mathrm{d}\Lambda\, U^* \qquad (7.44)$$

とユニタリ行列Uの変化する方向

$$\begin{aligned} \mathrm{d}_u P &= [P, \varOmega] = P\varOmega - \varOmega P \\ \varOmega &= U\,\mathrm{d}U^* = -\mathrm{d}U\,U^* \end{aligned} \qquad (7.45)$$

の和$dP = \mathrm{d}_c P + \mathrm{d}_u P$に分解できる．したがって$dP$の張る接空間は，$\mathrm{d}_c P$成分と$\mathrm{d}_u P$成分の直和，あるいは$\mathrm{d}_c P$成分と$\varOmega$成分の直和として表わされる．$\varOmega$は反対称行列の形をした微小変化であるが，これは積分不可能であって，ある量Fの微小変化$\varOmega = \mathrm{d}F$として表わすことはできない．すなわち，$(\mathrm{d}_c P, \varOmega)$は接空間の非ホロノーム基底を成す．

さて，これらの表現を用いるとき，α-計量$g^{(\alpha)}$のもとでのdPのノルム$\|dP\| = \sqrt{\langle dP, dP \rangle}$は次で与えられる（長谷川）．

定理 7.2

$$\langle dP, dP \rangle = \operatorname{tr} P(d_c \log P)^2$$

$$+ \begin{cases} \dfrac{4}{1-\alpha^2} \operatorname{tr} [P^{\frac{1+\alpha}{2}}, \Omega][P^{\frac{1-\alpha}{2}}, \Omega] & (\alpha \neq \pm 1) \\ \operatorname{tr} [\log P, \Omega][P, \Omega] & (\alpha = \pm 1) \end{cases} \quad (7.46) \; \square$$

上式より，古典確率論的変化方向 $d_c P$ と量子論的非可換変化方向 $d_u P$ は $g^{(\alpha)}$ のもとで直交することがわかる．また，$g^{(\alpha)} = g^{(-\alpha)}$ であることもわかる．

任意の量子統計的モデル S 上において，$\nabla^{(\alpha)}$ と $\nabla^{(-\alpha)}$ は $g^{(\alpha)} = g^{(-\alpha)}$ に関して互いに双対的になることは容易に示せる．また，§3.4 と並行した議論がほとんどすべて成り立つ．とくに，ある有限な大きさの密度行列全体からなる多様体 $\mathcal{P}$ を考えれば，$\mathcal{P}$ は $\alpha = \pm 1$ に関して双対平担になる．

以上，α-ダイバージェンス(7.40)から出発して計量と接続を導入したが，こうして得られた微分幾何学的構造が第4章のような統計的推測の議論とどのように関連するのかについては，現在までにはっきりしたことはわかっていない．一方，密度行列(量子状態)を観測結果から推定する量子推定問題は，光の量子状態を用いた通信に関する研究などに端を発し，Helstrom, Holevo といった人達によって調べられた．この方向の研究に対して微分幾何学的方法を適用しようとする試みもあり，その立場から量子統計的モデル上に計量と接続による双対構造を導入することもできる(長岡)．この構造もまた古典的な Fisher 計量と α-接続($\alpha = \pm 1$)の量子版とみなせるのだが，一般には捩率をもち，α-ダイバージェンスにもとづいた構造とは異なったものになる．

§7.5　情報幾何が提起する数学上の問題

双対接続の微分幾何の起源は確率分布族のもつ自然な幾何学構造にあることを見た．しかし，アファイン空間の超曲面を研究する Blaschke に始まるアファイン微分幾何からも双対接続が自然に導出される．これに関して近年，野水や黒瀬らの研究が進んでおり，数学者が双対微分幾何の分野に興味を深めつつある．この話題にまずふれよう．

n 次元多様体 M を $n+1$ 次元のアファイン空間 $\mathbf{R}^{n+1}$ に写像しよう．

§7.5 情報幾何が提起する数学上の問題

$$f: M \longrightarrow \mathbf{R}^{n+1} \tag{7.47}$$

ここで，M の像は $\mathbf{R}^{n+1}$ の中で，一枚の超曲面をなす．M に（局所）座標系をとり，その接空間の自然基底を $\{e_i\}$ とする．各 e_i は f により曲面の接空間のベクトル $\tilde{e}_i$ に自然に写される．数学ではこれを M の接空間から $\mathbf{R}^{n+1}$ の接空間（$f(M)$ の接空間）への誘導写像と呼び

$$f_*: T(M) \longrightarrow T(f(M)) \tag{7.48}$$

で表わす．さて，曲面 $f(M)$ の各点に，この接空間には属さないベクトル $\boldsymbol{n}$ を対応させる．$\mathbf{R}^{n+1}$ は平坦であり，普通の平行移動と微分ができる．$f(M)$ 上で，点 x が $\tilde{e}_i$ 方向へ変化したとき，$\tilde{e}_j$ という接ベクトルがどう変わっていくかは，偏微分 $\partial_i \tilde{e}_j$ で表わせる．このベクトルを，$\mathbf{R}^{n+1}$ の接空間の基底 $\{e_i, \boldsymbol{n}\}$ で展開すると

$$\partial_i \tilde{e}_j = \Gamma_{ij}{}^k \tilde{e}_k + h_{ij} \boldsymbol{n} \tag{7.49}$$

のように書ける．このとき，$\boldsymbol{n}$ 方向の変化を無視した $\Gamma_{ij}{}^k$ の項を，もとの空間 M に導入される接続の係数と考えよう．すなわち，M に共変微分

$$\nabla_{e_i} e_j = \Gamma_{ij}{}^k e_k \tag{7.50}$$

が導入される．さらに計量を

$$\langle e_i, e_j \rangle = h_{ij} \tag{7.51}$$

により導入する．

計量 h_{ij} は対称であるが，一般には正定値でない．また，ベクトル $\partial_i \boldsymbol{n}$ が $f(M)$ の接線方向の成分のみを含むとき，これを equiaffine といい，

$$T_{ijk} = \nabla_{e_i} h_{jk} \tag{7.52}$$

は3階の対称テンソルとなる．これにより，$\{M, h, T\}$ は双対接続の空間をなす．双対接続の係数は

$$\Gamma^*_{ij,k} = \Gamma_{ij,k} + T_{ijk} \tag{7.53}$$

で与えられる．

双対接続は $f(M)$ の各点に，$\mathbf{R}^{n+1}$ の双対線形空間の要素 $\boldsymbol{n}^*$ をつけ加えることでも与えられる．$\boldsymbol{n}^*$ は $\mathbf{R}^{n+1}$ から実数への線形写像である．これが

$$\langle \boldsymbol{n}, \boldsymbol{n}^* \rangle = 1 \tag{7.54}$$

$$\langle \boldsymbol{t}, \boldsymbol{n}^* \rangle = 0, \quad \boldsymbol{t} \in T(M) \tag{7.55}$$

を満たすとき，conormal vector field という．このとき，

124　　　第7章　情報幾何のこれからの話題

$$\partial_j \partial_i \boldsymbol{n}^* = \Gamma_{ji}^{*k} \partial_k \boldsymbol{n}^* - s_{ij} \boldsymbol{n}^* \tag{7.56}$$

と展開したときの係数 Γ_{ji}^{*k} が双対接続を与える.

　Lauritzen はもっと直接的に, 二つの双対な線形空間 V, V^* を考え, 双対構造の起源を調べた. V^* の要素 $\boldsymbol{n}^*$ は V から $\mathbf{R}$ への線形写像であるから, $\boldsymbol{n}^* \in V^*$, $\boldsymbol{n} \in V$ の間に, "内積"$\langle \boldsymbol{n}, \boldsymbol{n}^* \rangle$ が定義されている. n 次元の多様体 M を m $(m > n)$ 次元の二つの双対な線形空間 V, V^* へ

$$f: M \longrightarrow V \tag{7.57}$$

$$k: M \longrightarrow V^* \tag{7.58}$$

で写像しよう. $f(M)$, $k(M)$ は m 次元の空間 V および V^* の中で, それぞれ n 次元の曲がった部分空間をなしている. M の接空間 $T(M)$ はそれぞれ V および V^* の中での 像 $f(M)$ および $k(M)$ の接空間に自然に写される.

　M の1点を取り, その接空間における基底 e_i を $f(M)$ および $k(M)$ の接空間に写像したもの(誘導写像)をそれぞれ $\tilde{e}_i$, $\tilde{e}_i^*$ と書こう. このときに, M の内積を

$$g_{ij} = \langle \boldsymbol{e}_i, \boldsymbol{e}_j \rangle = \langle \tilde{\boldsymbol{e}}_i, \tilde{\boldsymbol{e}}_j^* \rangle \tag{7.59}$$

で定義する. また, 二つの接続を

$$\Gamma_{ij,k} = \langle \partial_{\tilde{e}_i} \tilde{\boldsymbol{e}}_j, \tilde{\boldsymbol{e}}_k^* \rangle \tag{7.60}$$

$$\Gamma_{ij,k}^* = \langle \tilde{\boldsymbol{e}}_k, \partial_{\tilde{e}_i} \tilde{\boldsymbol{e}}_j^* \rangle \tag{7.61}$$

で定義する. このとき, この三者は双対接続の空間構造を M にもたらす(g_{ij} は正定値とは限らない).

　確率分布族 $M = \{f(x, \xi)\}$ の場合を考えてみよう. M の座標系を ξ とし, V として x の関数の作る可測空間を考える. これは無限次元である. 一方, V^* として x の空間での測度 $\mu(x)$ の全体を考える. V の要素 $f(x)$ と V^* の要素 $\mu(x)$ の内積は, 積分

$$\langle f, \mu \rangle = \int f(x) \,\mathrm{d}\mu(x) \tag{7.62}$$

で与えられる. M の写像として

$$f: \xi \longmapsto \log f(x, \xi) \tag{7.63}$$

$$k: \xi \longmapsto f(x, \xi) \,\mathrm{d}x \tag{7.64}$$

を定めたときに得られる幾何学が, これまでに論じてきた確率分布族における

§7.5 情報幾何が提起する数学上の問題

Fisher 計量と，e-接続および m-接続という双対接続の微分幾何であることが
わかる．

n 次元 Riemann 空間は，$\frac{1}{2}n(n+1)$ 次元の Euclid 空間の曲がった部分空間
として実現できることが知られている．それならば，n 次元の双対接続空間は，
どのような空間に埋め込んで実現できるのであろうか．$n+1$ 次元アファイン
空間の超曲面は双対接続を導くが，すべての双対接続の空間がこの形で導ける
わけではない．黒瀬はこの実現問題を研究し，次の定理を与えている．

定理 7.3 単連結な双対接続の空間 M は 1-共形平坦(conformally flat)で
あるとき，このときに限り $\mathbf{R}^{n+1}$ の超曲面として実現できる．   □

黒瀬はさらに定曲率の双対接続空間を調べて，ここにダイバージェンスが導
入され，さらに"球面幾何"のような構造をもとにダイバージェンスの分解定
理が成立することを示している．これらの結果は §3.4 での議論とも関係して
いる．

双対幾何の共形変換を行なう共形双対幾何は，得られた情報量に応じてデー
タの観測個数を逐次的に決定する逐次推定論から発展した．これは数学の体系
においても重要な役割を果たしている．統計的推論において曲率が重要な役割
を果たしたが，逐次推定においては共形曲率が同様の役割を果たす．

情報幾何学は，応用を離れても数学として解決すべき問題を提起する．それ
らを列挙してみよう．

(1) 与えられた n 次元双対接続の空間が m 次元アファイン空間の n 次元
超曲面として実現できるための条件．また，m 次元の二つの双対線形空間
V, V^* の n 次元超曲面の対として実現できるための条件．

(2) n 次元双対接続の空間が，m 次元の双対平坦な双対接続の空間の部分
空間として実現できるための条件．一般には，有限次元の双対平坦な空間
の部分空間としては実現できないと思われる(予想)．この予想を証明し，
実現できる空間を特性づけること．

(3) Riemann 空間 $\{M, g\}$ が与えられたとする．適当な 3 階の対称テンソル
T_{ijk} を定義して $\{M, g, T\}$ を双対平坦な空間とすることができるならば，
$\{M, g\}$ は平坦化可能という．これは常に可能か．そうでないならば，平坦
化可能空間を特徴づける不変量は何か．

126   第7章　情報幾何のこれからの話題

(4) 無限次元の双対接続空間の理論．これは，たとえば，**R** 上の互いに絶対
連続な確率密度関数 $f(x)$ の全体のつくる集合の幾何学（これはこのまま
では多様体にはならない），確率過程の族のなす無限次元の空間の幾何学
など．

(5) 双対接続空間の大域構造．

(6) Finsler 計量をもつ双対接続空間．これはいわゆる non-regular な確率
分布族に関係し，中心極限定理の働かない安定分布族が対応する．

参考書

情報幾何の全貌を伝える成書はまだないが，基本的な考え方と，統計的推論の高次漸近理論については次の本

[1] Amari, S., *Differential-Geometrical Methods in Statistics*, Springer Lecture Notes in Statistics, **28**(1985).

[2] Barndorff-Nielsen, O., *Parametric Statistical Models and Likelihood*, Springer Lecture Notes in Statistics, **50**(1988).

がある．最近，数学者の書いた解説書として

[3] Murrey, M. K., Rice, J. W., *Differential Geometry and Statistics*, Chapman, 1993.

が発刊された．また，論文集として

[4] Amari, S., Barndorff-Nielsen, O. E., Kass, R. E., Lauritzen, S. L. and Rao, C. R., *Differential Geometry in Statistical Inferences*, IMS Lecture Notes Monograph Series, **10**, Hayward, California, IMS, 1987.

[5] Dodson, C. T. J., *Geometrization of Statistical Theory*, Proc. of the GST Workshop, ULDM Publications, Dept. of Math., Univ. of Lancaster, 1987.

がある．歴史的にいうならば，

[6] Rao, C. R., Information and accuracy attainable in the estimation of statistical parameters, *Bull. Calcutta. Math. Soc.*, **37**(1945), 81-91.

は確率分布族の空間に Riemann 計量の導入を示唆した記念的論文である．α 接続は

[7] Chentsov, N. N., *Statistical Decision Rules and Optimal Inference* (in Russian), Nauka, Moscow; translated in English(1982), AMS, Rhode Island, 1972.

が導入した．これは少々読みづらいが，きわめて興味ある本といえる．また

[8] Efron, B., Defining the curvature of a statistical problem(with application to second order efficiency)(with Discussion), *Ann. Statist.*, **3**(1975), 1189-1242.

は曲率の統計学的意味を初めて明らかにした．双対幾何学の構造を初めて明確に捉

えたのは

[9] Nagaoka, H., Amari, S., Differential geometry of smooth families of probability distributions, *METR*, **82-7**(1982), University of Tokyo.

である．この論文の内容は今では有名であるが，主要雑誌には掲載されなかった．
解説論文としては，

[10] 甘利俊一，情報幾何学，応用数理，**2**(1992), 37-56.

また，統計学への応用に限定されてはいるが，review paper として

[11] Barndorff-Nielsen, O., Cox, R. D. and Reid, N., The role of differential geometry in statistical theory, *Int. Statist. Rev.*, **54**(1986), 83-96.

[12] Kass, R. E., The geometry of asymptotic inference(with discussions), *Statistical Science*, **4**(1989), 188-234.

が出ている．

統計的推論については [1] に詳しいが，その後の発展として，逐次推定と conformal geometry との関係を明らかにしたものが

[13] Okamoto, I., Amari, S. and Takeuchi, K., Asymptotic theory of sequential estimation procedures for curved exponential families, *Ann. Statist.*, **19** (1991), 961-981.

セミパラメトリックやノンパラメトリックの方向でファイバーバンドルの双対接続を用いるのが

[14] Amari, S., Kumon, M., Estimation in the presence of infinitely many nuisance parameters—geometry of estimating functions, *Annals of Statistics*, **16**(1988), 1044-1068.

[15] Amari, S., Kawanabe, M., Efficient estimating functions in semiparametric statistical models, *to appear*.

[16] Kawanabe, M., Amari, S., Stochastic perceptron and semiparametric statistical inference, *to appear*.

である．この他，統計学への応用として興味あるものに，

[17] Barndorff-Nielsen, O. E., Jupp, P. E., Approximating exponential models. *Annals of Institute of Statistical Mathematics*, **41**(1989), 247-267.

[18] Eguchi, S., Second order efficiency of minimum contrast estimators in a curved exponential family, *Ann. Statist.*, **11**(1983), 793-803.

[19] Kass, R. E., Canonical parameterization and zero parameter effect curvature, *J. Royal Statistical Society*, **B 46**(1984), 86-92.

参考書　　　　　　　　　　129

[20] Picard, D. B., Statistical morphisms and related invariance properties, *Ann. Inst. Statist. Math.*, **44**(1992), 45-61.

[21] Vos, P. W., Fundamental equations for statistical submanifolds with applications to the Bartlett correction, *AISM,* **41**(1989), 429-450.

[22] Vos, P. W., Geometry of f-divergence, *AISM*, **43**(1991), No. 3, 515-537.

[23] Xu, D., Differential geometrical structures related to forecasting error variance ratios, *AISM*, **43**(1991), 621-646.

などがある．

システム理論と時系列を扱ったものが

[24] Amari, S., Differential geometry of a parametric family of invertible linear systems—Riemannian metric, dual affine connections and divergence, *Mathematical Systems Theory*, **20**(1987), 53-82.

[25] Kumon, M., Identification of nonminimum-phase transfer functions using a higher-order spectrum, *Ann. Inst. Statist. Math.*, **44**(1992), No. 2, 239-260.

[26] 小原敦美，線形フィードバックシステムの幾何学的構造，計測と制御，**32**(1993), 486-494.

はたいへん良い解説である．

多元情報論と統計的推論の幾何学的な枠組は

[27] Amari, S., Fisher information under restriction of Shannon information, *AISM*, **41**(1989), 623-648.

[28] Amari, S., Han, T. S., Statistical inference under multi-terminal rate restrictions — a differential geometrical approach, *IEEE Trans. on Information Theory*, **IT-35**(1989), 217-227.

ニューロ多様体に関する議論は

[29] Amari, S., Dualistic Geometry of the Manifold of Higher-Order Neurons, *Neural Networks*, **4**(1991), 443-451.

[30] Amari, S., Kurata, K. and Nagaoka, H., Information Geometry of Boltzmann Machines, *IEEE Trans. on Neural Networks*, **3**(1992), No. 2, 260-271.

量子観測の微分幾何は

[31] 長岡浩司，A new approach to Cramér-Rao bounds for quantum state estimation, 電子情報通信学会情報理論研究会資料，IT 89-42, 1989.

130　　　　　　　　　　　　　　　　参考書

[32]　Nagaoka, H., On the parameter estimation problem for quantum statistical models, 第 12 回情報理論とその応用シンポジウム予稿集(1989), 577-582.

[33]　Hasegawa, H., α-Divergence of the non-commutative information geometry, *preprint*, 1993.

[34]　Petz, D., Geometry of the canonical correlation on the state space of a quantum system, *preprint*, 1993.

[35]　Silver, R. N., Martz, H. F., Quantum statistical inference for inverse problems, *preprint*, 1993.

などがあり，これから発展する話題である．

統計物理学の幾何学については

[36]　Balian, R., Alhassid, Y. and Reinhardt, H., Dissipation in many-body systems : A geometric approach based on information theory, *PHYSICS REPORTS*(*Review Section of Physics Letters*), **131**(1986), Nos. 1, 2, 1-146.

凸解析，勾配流，完全可積分系の力学などの方向はまだ本格的なものは出版されていないが，

[37]　田辺國士，土谷隆，線形計画の新しい幾何学，数理科学「情報幾何」特集号，32-37, 1988 年 9 月号．

[38]　Nakamura, Y., Neurodynamics and nonlinear integrable systems of Lax type, *Japan J. of Appl. Math.*, *to appear*.

[39]　Fujiwara, A., Dynamical systems on statistical models, 京都大学数理解析研究所講究録，**822**(1993), 32-42.

などをあげよう．

数学としては，

[40]　Nomizu, K., Pinkall, O., On the geometry of affine immersions, *Math. Z.*, **195**(1987), 165-178.

[41]　Kurose, T., Dual connections and affine geometry, *Mathematische Zeitshrift*, **203**(1990).

がアファイン微分幾何の立場から双対接続を扱っている．[5] の中の Lauritzen の論文はより枠を拡げたものといえる．

[42]　Kurose, T., On the divergence of 1-conformally flat statistical manifolds, *preprint*, 1993.

はダイバージェンスと双対測地線の関係を定曲率空間にまで拡張したものである．

欧文索引

α-アファイン多様体　47
α-自己平行　47
α-接続　34
α-ダイバージェンス　48
α-ダイバージェンス(量子版)　121
α-分布族　50
α-平坦　41
AR モデル　89
ARMA モデル　90
Bloomfield の指数型モデル　90
Boltzmann 機械　116
C^∞ 級　4
C^∞ 級曲線　6
C^∞ 級微分可能多様体　3
Cramér-Rao の定理　57
e-接続　35
Efron 曲率　79
Einstein の規約　5
Euclid 座標系　27
Fisher 計量　33
Fisher 情報行列　32

Fisher 情報量　32
Gauss 時系列空間　89
Hellinger 距離　49
Hilbert バンドル　82
Jeffreys の事前分布　51
Karmarkar の内点法　115
Kullback 情報量　48
Kullback ダイバージェンス　48
large deviation の理論　108
Legendre 変換　43
Levi-Civita 接続　27
Lie 群　117
m-接続　35
MA モデル　89
Pythagoras の定理　45
Riemann-Christoffel 曲率テンソル(場)
　　20
Riemann 計量　12
Riemann 接続　27
Riemann 多様体　12

和文索引

ア 行

アファイン座標系　19
アファイン射影法　115
アファイン接続　14, 15
アファインパラメータ　23
アファイン微分幾何　122
アファイン部分空間　24
アファイン変換　20

誤り指数　104
安定行列　97
安定システム　96
安定フィードバック　96
1 次有効推定量　68
一様最強力検定　75
　1 次の――　76
一致推定量　58
一致性　63, 64

インパルス応答　88
梅垣エントロピー　121
埋め込み曲率　25

カ 行

攪乱接空間　84
攪乱母数　82
確率実現　95
確率分布　29
完全可積分力学系　115
観測点　60
棄却域　74
基空間　81
期待値パラメータ　51
共変微分　14, 17, 18
共役接続　39
曲指数型分布族　61
局所指数族バンドル　80
曲線　6
　——に沿ったベクトル場　16
曲率テンソル(場)　20
検出力関数　75
検出力損失　78
検定　56, 74
高次漸近理論　58, 63, 74
混合型接続　35
混合型分布族　35
混合座標系　53, 106

サ 行

最大エントロピー原理　96
最尤推定量　57
座標　2
座標関数　2
座標系　1
　——が双対的　42
座標変換　3
時系列　87

次元　2
自己共分散系列　93
自己平行　22
自己平行曲線　23
指数型接続　35
指数型分布族　34, 55, 58
システム　87
　——が安定　88, 96
　——が最小位相　88
システム空間　89
自然基底　8
自然パラメータ　34
射影　24
十分統計量　36, 60
　——に関して不変　36
情報計量　33
情報量損失　72
情報理論　101
真の分布　30
推定　56, 63
推定関数　82
推定部分多様体　63
正準パラメータ　34
接空間　6, 8
接続　15
　——が計量的　26
　——が双対的　39
接続係数　15
接ベクトル　6, 8
0レートの伝送　103
漸近的に不偏　64
漸近論　57
線形計画　113
線形計画法　114
線形システム　87
相対エントロピー　48
双対構造　39
双対座標系　42

索引 133

双対接続　39
双対平坦空間　41
測地線　23

タ 行

対称接続　21
ダイバージェンス　44
多元情報源　101
多元情報理論　101
多重線形写像　9
多様体　1, 4
単文字化　112
直交双対葉層化　52, 106
テンソル場　8, 9
　——の成分　10
伝達関数　88
統計的推論　55, 58, 101
統計的モデル　29, 30, 55
　——の拡張　49
凸解析　113

ナ 行

内点法　113, 115
ニューロ多様体　115
ねじれ率テンソル(場)　20

ハ 行

パワースペクトラム　88
微分可能多様体　1
微分幾何　1
ファイバー空間　81

ファイバーバンドル　81
部分多様体　10
不偏　64
不偏性　56, 63
分解定理　71
平行　16, 19
平行移動　17
平坦　20, 41
ベクトル場　8
　——の成分　8
　曲線に沿った——　16
補助統計量　74
ポテンシャル　43

マ 行

密度行列　120
モデル　30

ヤ 行

有効検定　76
有効推定量　68
有効スコア関数　86
誘導された双対構造　40
葉層化　52, 106

ラ 行

量子推定問題　122
量子相対エントロピー　121
捩率テンソル(場)　20

■岩波オンデマンドブックス■

岩波講座 応用数学 ［対象12］
情報幾何の方法

	1993年11月 8 日　第 1 刷発行
	1998年12月 2 日　第 2 刷発行
	2017年 9 月12日　オンデマンド版発行

著　者　甘利 俊一　長岡浩司

発行者　岡本 厚

発行所　株式会社 岩波書店
　　　　〒101-8002　東京都千代田区一ツ橋 2-5-5
　　　　電話案内　03-5210-4000
　　　　http://www.iwanami.co.jp/

印刷／製本・法令印刷

© Shun-ichi Amari, Hiroshi Nagaoka 2017
ISBN 978-4-00-730666-2　　Printed in Japan